KB073394

우주의 팽창에 관하여

우주의 팽창에 관하여

발행일 2015년 4월 29일

지은이 엄 장 필
펴낸이 손 형 국
펴낸곳 (주)북랩
편집인 선일영
편집 서대종, 이소현, 이탄석, 김아름
디자인 이현수, 윤미리내
제작 박기성, 황동현, 구성우
마케팅 김회란, 박진관, 이희정
출판등록 2004. 12. 1(제2012-000051호)
주소 서울시 금천구 가산디지털 1로 168, 우림라이온스밸리 B동 B113, 114호
홈페이지 www.book.co.kr
전화번호 (02)2026-5777
팩스 (02)2026-5747

ISBN 979-11-5585-584-3 03420(종이책) 979-11-5585-585-0 05420(전자책)

이 도서의 국립중앙도서관 출판예정도서목록(CIP)은 서지정보유통지원시스템 홈페이지(http://seoji.nl.go.kr)와 국가자료공동목록시스템(http://www.nl.go.kr/kolisnet)에서 이용하실 수 있습니다.
(CIP제어번호 : 2015012271)

DE EXPANSIONEM COSMOS

우주의 팽창에 관하여

Time = Space

엄장필 지음

북랩 book Lab

If ever I felt the full force of my attachment, it was when I did not see her.

- 『Les Confessions』, Rousseau, Jean Jacques -

머리말

시간(time)과 공간(space)은 별개의 개념이 아니다.

시공간(space-time)이라는 하나의 개념이다.

시간과 공간은 대칭성(symmetry)을 가진다.

시간은 공간이고, 공간은 시간이다.

시간과 공간을 맞바꾸어도 물리법칙은 변하지 않아야 한다.

인간은 눈에 보이고 감각되는 공간을 중심으로 생각하도록 진화되어온 생명체다.

천동설에서 지동설로의 패러다임 변환 과정에서 겪었던,

생각의 중심에 있던 지구를 빼내고, 그 자리에 태양을 집어넣는 일이 결코 쉬운 일은 아니었겠지만,

생각의 중심에 있는 공간을 빼내고, 그 자리에 시간을 집어넣는 일에 비하면 쉬운 일이다.

이 책은 두 가지 재료만을 사용한 간단한 과학 요리책이다.

재료 하나: 시공간의 팽창 (현상)

1929년, 에드윈 허블(Edwin Powell Hubble)에 의해, 우주(시공간)가 팽창하는 현상이 관측되었고, 이후 가속팽창하는 현상이 관측되었다.

재료 둘: 에너지 보존 (법칙)

열역학 제1법칙.

고립계에서 에너지의 총합은 ‘언제나’ 일정하다는 법칙.

요리의 맛을 결정하는 것은 인간이라면 누구나 가지고 있고, 물론 당신도 가지고 있는 상상력이다.

과학이 수학에 매몰된 지 이미 오래지만,

과학은 수학으로 하는 것이 아니라,

상상력으로 하는 것이다.

신(God)이 우주를 창조한 것이 아니라면,

우주를 설명하는 물리법칙은 하나(the one)다.

차 례

제1장
재료 다듬기

1 만유척력萬有斥力

시공간이 팽창하는 우주에서는,

수십억 광년 떨어진 은하도 멀어지고, 나와 내 주위의 물건들도 멀어지고, 나의 육체를 구성하고 있는 세포와 원자들도 서로 멀어지는 것이 자연스러운 현상이다.

과거, 팽창하지 않는 정情적인 우주의 기본 힘이 만유인력(중력)이었다면,

오늘날, 팽창하는 동動적인 우주의 기본 힘은 암흑에너지라는 가상의 에너지로 불리는 만유척력이다.

뉴턴(Isaac Newton)이 우주가 팽창한다는 사실을 알고 있었다면, 프린키피아(Principia)[1]에는 만유인력의 원리가 아닌 만유척력의 원리가 실렸을 수도 있다.

우주가 팽창하는 현상이 나중에 발견되었을 뿐,

팽창하는 우주에서는 척력이 기본 힘이다.

1) 뉴턴이 1687년 출판한 저서, 『자연철학의 수학적 원리, Philosophiae Naturalis Principia Mathematica』.

팽창하는 우주에서,

왜 나와 내 주위의 물건들은 서로 멀어지지 않는 것인지,

왜 나의 육체를 구성하고 있는 세포와 원자들은 서로 멀어지지 않는 것인지,

왜 인력引力이라는 부자연스러운 힘이 발생하는지를 고민해 보아야 한다.

이 세상에는 틀린 정답뿐만이 아니라, '틀린 질문'도 존재한다.

2 초팽창(인플레이션)

초팽창이론에 의하면 우주는 '아주 짧은 시간'에 빛보다 빠른 팽창을 했다.[2)]

양자물리학에서는 '아주 짧은 시간' 동안이라는 전제 하에, 에너지 보존의 법칙에 위배되는 '가상 입자'가 존재할 수 있다고 한다.

양자물리학에서 '아주 짧은 시간'은 일반적으로 플랑크 시간[3)]을 의미한다.

만일, '아주 짧은 시간'을 길게 늘일 수 있다면[4)], 가상 입자는 오랫동안 존재할 수 있다.

팝콘(popcorn)을 튀기면 커진다. 튀겨진 팝콘 속을 들여다보면 스펀지처럼 수많은 구멍이 나 있다. 이 구멍은 팝콘에 속해 있던 것이 아니다. '팝콘 이외의 것'이다.[5)]

---

2) 탄생으로부터 10^{-36}초 후, 모래알보다 작은 점에서 태양계보다 더 크게 팽창했다고 한다.

3) 대략 $5.39106 \times 10^{-44} Sec$

4) 시간지연.

우주라는 (고립계) 팝콘을 튀기면, 크기가 커지고 구멍(hole)이 생긴다. 이 구멍을 원시입자(primitive particle)라고 부르기로 한다. 이 원시입자原始粒子는 앞서 언급한 시간 지연된 '가상 입자'를 의미하며, 모든 입자는 원시입자의 조합으로 이루어진다. 팝콘의 경우와 마찬가지로, 이 원시입자도 '우주 이외의 것'이다.

우주는 고립계인데, 우주 이외의 것?

해법은 간단하다. 원시입자를 다른 시간대로 밀어버리면 된다.[6] 원시입자가 '현재의 우주'에 존재하는 것이 아니라면, 즉, 원시입자가 '과거의 우주'[7]에 있는 것이라면 에너지 보존의 법칙에 위배되지 않는다.

그래서 팽창하는 우주에서는 원시입자 표면과 원시입자 내부의 빈 공간 사이에 시간이 흐르는 속도의 차이가 생기는 것이고, 그에 의해 원시입자에 (정지) 질량이 발생하고(부여되고), 원시입자의 내부와 표면 사이의 시간이 흐르는 속도의 차이에 의해 시간(time)이 흐르게(flow) 된다.[8]

---

5) 팝콘은 고립계가 아니기 때문에 팝콘 외부에서 에너지와 공간이 유입될 수 있다.

6) 정확하게는 이때 시간이 처음 발생(탄생)하게 된다.

7) 나중에 설명하겠지만, 원시입자의 표면만 과거의 우주에 있고, 내부의 빈 공간은 현재의 우주에 있다.

팽창하고 있는 풍선은 평탄해지려는 성질을 가지고 있다.[9] 팽창하고 있는 풍선 표면에 손가락을 가져다 대면 풍선표면이 눌려지면서 왜곡되고 손가락에는 팽팽한 텐션(tension)이 느껴진다. 이 텐션(tension)은 우주가 평탄해지려는 성질에서 기인하며, 모든 힘의 근원이다. 결국, 우주에 존재하는 모든 힘은 초팽창의 힘이 시간이라는 차원에 '저장' 또는 '보존'(preserve)된 것이다.

즉, 시간의 흐름이란, 초팽창한 고립계 우주에서, 에너지 보존의 법칙에 의해 필연적으로 발생하는 '현상'[10]이다.

우주는 유한有限하며, 에너지 보존의 법칙은 유한한 고립계에서만 성립하는 법칙이다. 유한하기 때문에 텐션(tension)이 발생하는 것이고, 에너지가 '보존'될 수 있는 것이다.

줄다리기에서, 상대방이 줄을 당기면 내가 끌려가는 이유는 줄이 유한하기 때문이다.

줄이 무한하다면 상대방이 아무리 줄을 잡아당겨도 나는 끌려가지 않는다.

---

8) 흐르는 것만이 시간이다. 시간이 흐르지 않는다 또는 시간이 정지한다는 표현은 시간이 존재하지 않는다와 같은 의미다.

9) 열역학 제2법칙 (=엔트로피 증가의 법칙).

10) phenomenon

즉, 힘과 에너지를 포함한 모든 물리 현상은 '유한함'에서 발생하는 것이다.

이 유한함 때문에 한 가지 절대적인 요소가 발생하는데, 바로 광속光速이다.

무한한 우주에서는 에너지가 보존될 수 없기 때문에, 어떤 힘이나 에너지도 발생할 수 없고, 광속이 30만km/s로 '제한'될 이유도 없다.

3 상대성이론의 듀얼(Dual)

'상대적으로 무거운 공간의 시간은 상대적으로 느리게 흐른다.' 상대성이론이다.

'상대적으로 가벼운 공간의 시간은 상대적으로 빠르게 흐른다.' 상대성이론의 듀얼(Dual)이다.

상대성이론의 듀얼(Dual)이 성립하는 이유는 앞에서 설명했던 '팝콘 우주'의 경우에서처럼 우리는 시간이 지연된 가상입자로 이루어진 과거의 우주에 살고 있기 때문이다.

나(관찰자)의 질량이 0(zero)이 아닌 이상,

나보다 시간이 느리게 흐르는 공간[11]이 있다면,

나보다 시간이 빠르게 흐르는 공간[12]도 있는 것이다.

우주의 나이가 1,000억 년이라고 가정한다.

즉, 빅뱅 이후 1,000억 년이 흘렀다.

1,000억 년은 우주에서 가장 가벼운 공간[13]을 기준으로 한 것이다.

가상입자로 이루어진 우리는 질량을 가지고 있으므로 우

11) 은하나 태양 같은 거시세계.

12) 원자 내부의 빈 공간 같은 미시세계.

13) 시간이 가장 빨리 흐르는 공간. 질량 0의 공간.

주의 현재(빅뱅이후 1,000억 년이 흐른 시점)를 기준으로 과거(빅뱅 이후 137억 년이 흐른 시점)에 살고 있는 것이다.

지금 현재 태양이 갑자기 사라진다고 가정한다.

사라진 태양의 중력파가 지구에 도달하는 8분 20초 동안은 지구는 아무 것도 없는 태양이 있었던 빈 공간을 중심으로 공전할 것이며, 지구에 살고 있는 우리는 8분 20초 동안은 일광욕을 즐기고, 태양광 발전을 할 수 있다.

태양이라는 실체는 지금 현재 사라지고 없는데 8분 20초 동안 '가짜 태양'(태양의 허상)만으로 물리법칙이 '완벽하게' 작용하고 있는 것이다.

이것을 확장하면, 지금 현재(빅뱅 이후 1,000억 년이 지난 시점) 우주가 대동결(big freeze)을 맞이해서 모든 물질이 흔적도 없이 사라져도, 빅뱅 이후 137억 년이 지난 시점에 살고 있는 우리는 앞으로 863억 년 동안은 물질(원자)의 허상만으로 밥도 짓고 빨래도 할 수 있는 것이다.

우리가 인식하는 모든 물질은 우리가 현재라고 느끼는 '과거의 우주'에 허상으로만 존재한다.

'우주는 왜 (초)팽창했는가?'라는 질문에 대한 답은 아직 누구도 할 수 없다.

하지만, 우주는 왜 팽창하고 있는가? 라는 질문에 대한 답은 할 수 있는데, '우주는 (초)팽창했기 때문에 팽창하고 있다'는 것이다.

선문답 같지만, 실체의 우주(현재의 우주)는 '이미' 초팽창했으며, 그보다 과거의 우주에 가상입자의 형태로 존재하는 우리는 마치 메아리(echo)처럼, 에너지 보존의 법칙에 의해, 확정된 미래를 향해 광속이라는 제한된 속도 하에 실체의 우주가 나아간 발자취를 그대로 밟아 나가고 있는 것이다.[14] 이것을 시간축 상으로의 가속운동이라 부른다.[15]

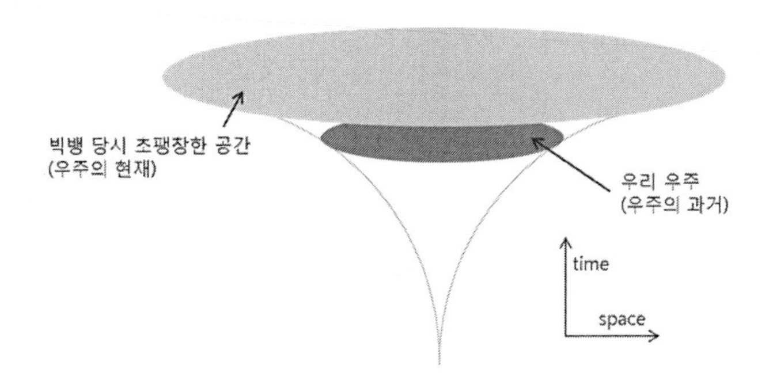

14) 시간이 한 방향으로만 흐르는 것도 이 때문이다.

15) 여기서 정지질량(rest mass)이 발생한다.

4 길이 팽창

'아인슈타인의 상대성이론'에는 길이수축만 있고 '길이팽창'은 없다. 이것은 '아인슈타인의 상대성이론'이 반쪽짜리 상대성이론이라는 것을 의미한다.[16)]

천동설이 코페르니쿠스와 갈릴레오에 의해 지구가 우주의 중심이 아니라는 사실이 밝혀지기 전에 등장했던 일종의 오개념(misconception)이었던 것처럼,

'아인슈타인의 상대성이론'은 에드윈 허블에 의해 우주(시공간)가 팽창한다는 사실이 밝혀지기 전에 등장했던 일종의 오개념이다.

상대성이론은 에너지 보존의 법칙을 달리 설명한 것에 불과하다. 우주는 시간과 공간이라는 두개의 축으로 구성되어 있다. 이 두개의 축 상에 특정한 면적의 에너지 덩어리를 올려놓는다. 에너지의 형태는 관계없다. 에너지의 면적만 같으면 된다.[17)]

---

16) 앞서 설명한 Dual이 빠져있다.

17) 에너지 보존의 법칙.

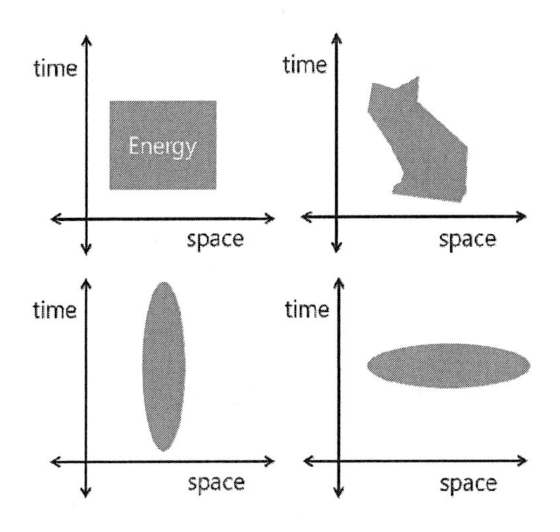

시간축으로 길이를 늘이면 공간축의 길이가 줄어들고, 공간축으로 길이를 늘이면 시간축의 길이가 줄어든다. 이것이 상대성이론이다. 에너지 보존의 법칙의 변형일 뿐이다.

상대성이론의 듀얼(Dual)을 적용하면, 당연히 길이팽창도 존재한다. 길이팽창 현상이란 어떤 것인가?

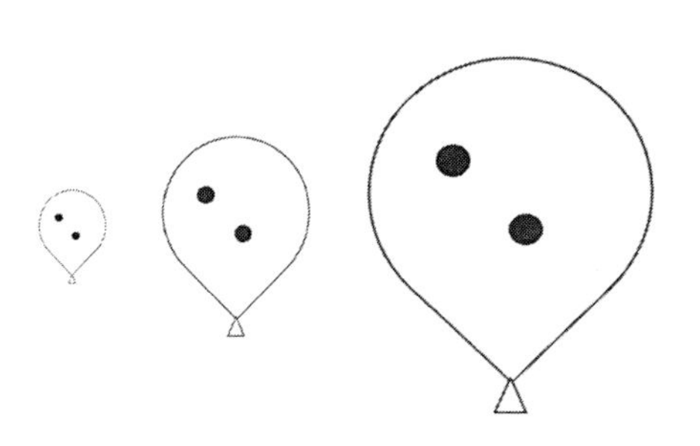

팽창하는 풍선(시공간면) 위에 펜으로 점을 찍으면, 점은 계속 커진다. 점을 여러 개 찍어보면, 각각의 커지는 점들은 서로 만나지 않는다. 풍선의 표면은 우주의 끝, 앞서 언급했던, 우주의 현재다.

커지는 두 점이 서로 만났을 때[18] 빛은 형성된다.

따라서, 커지는 점들이 만나지 않는 우주의 끝[19]에서 빛은 형성되지(존재하지) 않는다.

풍선 내부[20]에서 풍선 표면을 관찰한다고 생각해 보자.

풍선 내부는 풍선 표면보다 시간이 느리게 흐른다.

상대성이론에 의하면, 상대적으로 시간이 빠르게 흐르는 곳에서 상대적으로 시간이 느리게 흐르는 곳을 바라보면 길이수축이 일어난다.

상대성이론의 듀얼(Dual)에 의하면, 상대적으로 시간이 느리게 흐르는 곳에서 상대적으로 시간이 빠르게 흐르는 곳을 바라보면 길이팽창이 일어난다.

---

18) 두 파동이 서로 만났을 때.

19) 우주의 현재.

20) 사실 시공간면을 풍선의 표면이라는 2차원 평면으로 설명하기에는 부족한 감이 있다. 풍선이 평평하다고 보았을 때, 움푹 들어간 자리는 시공간면의 위상位相으로는 풍선 내부에 해당되며, 풍선 표면보다 과거를 의미한다.

풍선 내부에서 풍선 표면을 바라보면 커지는 점들이 서로 겹쳐지는 것처럼 보인다. 즉, 비로소 빛[21]이 형성된다.

우리는 시공간이라는 팽창하는 풍선 내부(우주의 과거)에서 풍선 표면(우주의 현재) 쪽을 바라보고 있는 것이다.

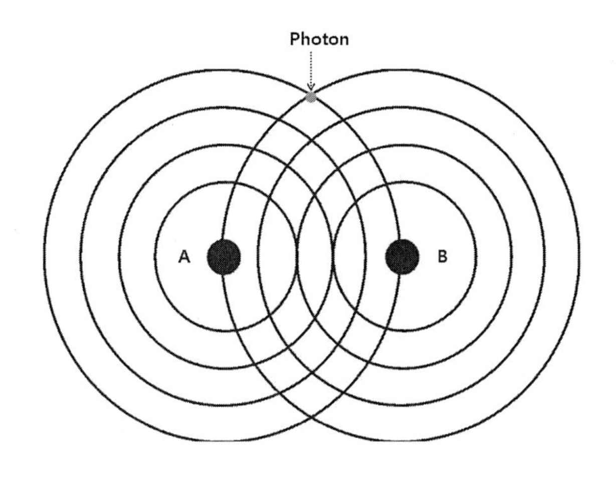

위 그림에서 두 점(A, B)을 광원이라고 할 때, 파동과 파동이 겹쳐지는 부분이 광자(photon)다. 파동이 1초에 하나씩 만들어진다고 가정하자. A, B는 각각 4개의 파동을 가지는데, 가장 바깥의 파동이 4초 전 과거에 만들어진 파동이고 가장 안쪽의 파동이 1초 전 과거에 만들어진 파동이다.

21) 광자(photon)라 불리는 겹쳐진(간섭된) 파동.

5 추락하는 것은 중력이 없다

원운동을 하는 물체에는 관성력(원심력)이 발생한다. 같은 원운동(지구를 공전)을 하고 있지만 우주정거장의 우주인들은 관성력을 느끼지 않는다.(무중력 상태)

절벽 위에서 떨어뜨린 돌이 땅에 닿기 전에 지구의 질량을 한 점(중력원점)으로 압축시키면, 돌은 한 점으로 압축된 지구를 중심으로 타원형 궤도를 그리며 계속 공전할 것이다.

마찬가지로, 지구의 질량이 한 점으로 압축된다 할지라도 우주정거장은 변함없이 한 점으로 압축된 지구를 공전할 것이다. 즉, 우주정거장은 지구를 향해 계속 추락하고 있는 것

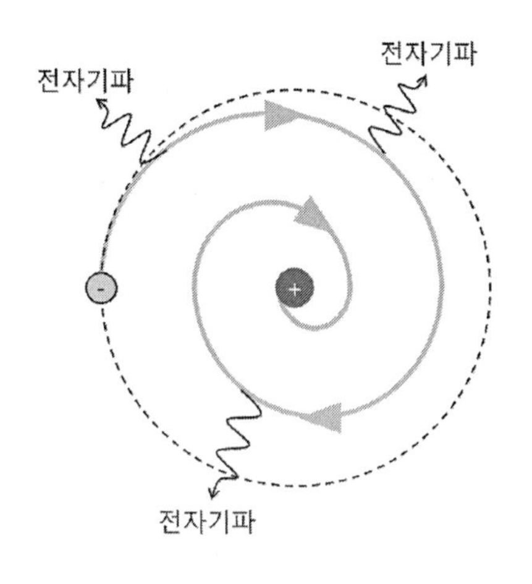

이다. 다만 지구와 우주정거장 사이의 시공간이 팽창하고 있기 때문에

마치 러닝머신 위를 달리는 사람처럼, 지구와 충돌하지 않고 공전을 계속하고 있는 것이다.

원자핵 주위를 공전하는 전자도 마찬가지다.

전자기학 이론에 따르면 회전운동을 하는 전자는 전자기파를 방출해야 한다. 전자가 에너지를 잃어버리는 것이므로, 그림과 같이 전자의 궤도는 감소하게 되고 결국 전자는 핵에 흡수됨에 따라 원자는 붕괴하게 된다.[22)]

전자는 원자핵을 향해 추락하고 있지만, 원자핵과 전자 사이의 시공간이 팽창하기 때문에 전자는 궤도를 유지하며, 전자기파를 방출하지도 않고 원자핵과 충돌하지도 않는 것이다.

상대성이론에 의한 중력을 설명할 때, 신축성이 있는 고무판 같은 곳에 볼링공 같은 무거운 물체를 올려놓아 고무판이 왜곡되게 만든 다음, 왜곡된 면에 구슬 같은 것을 던져 굴리는 것을 볼 수 있다. 하지만 구슬은 볼링공 주위를 몇 바퀴 돌다가 곧 볼링공에 부딪히고 만다. 마찰력 때문이라고 둘러대지만, 실험자들이 가장 머쓱해 하는 부분이다.

---

22) 양자물리학에서는 이 문제를 확률론으로 풀어낸다. 전자가 궤도상에서 운동하는 것이 아니라, 전자구름의 형태로 궤도상에 확률로만 존재한다는 것이다.

일반적인 고무판 대신 팽창하는 고무판을 사용한다면, 실험자가 머쓱해 할 일은 더 이상 일어나지 않을 것이며, 심지어 어떤 경우에는 구슬이 고무판 밖으로 밀려나갈 것이다.[23)]

23) 아주 조금씩이지만 달은 지구로부터 멀어지고 있다.

6 빛은 운동하지 않는다

현재의 물리학은 운동을 전제로 하는 학문이며,

질량이란 (가속)운동을 해야만 발생한다.

시공간은 하나의 개념이며,

모든 물질은 시공간상에서 운동하고 있다.

물질이 공간축 상에서는 정지해있고 시간축 상으로만 운동할 때 발생하는 질량이 정지질량이다.

빛의 정지질량은 0(zero)이다.

즉, 빛은 공간축으로도 시간축으로도 운동하지 않는 것이다.

어떤 사람의 눈을 가리고 납치해서, 가속운동을 하고 있는 커다란 차에 태우고, 모든 수단과 방법을 동원해서 정지해 있는 것처럼 그 사람을 속이려 해도 그 사람이 느끼는 관성력만은 속일 수 없다.

빛이 운동하는 것처럼 보일지라도, 정지질량이 0이라면 운동하지 않는 것으로 보아야 한다.

엄밀히 말하면, 운동하는 것만을 대상으로 하는 현재의 물리학에서 빛은 물리학의 대상이 아니다.

그렇다면 왜 빛은 운동하는 것처럼 보이는가?

에드윈 허블의 발견에서처럼 멀리 떨어진 은하들만 멀어지는 것이 아니다.

우주는 평탄하고 균질하기 때문에 나(관찰자)를 포함한 가까운 시공간도 팽창해야 한다. 아원자 단위의 양자공간도 팽창해야 한다. 제아무리 작은 공간이라도 팽창해야 한다.

차를 타고 가면서, 주기적으로 길바닥에 페인트볼을 쏘면, 차가 지나간 자리에는 페인트볼 자국이 남는다. 이 페인트볼 자국이 파동이다. 차 안에서 보면 페인트볼 자국이 점점 멀어지는 것처럼 보인다.

페인트볼을 쏘는 차와 나란히 달려도 페인트볼을 쏘는 차는 가만히 있고 바닥의 페인트볼 자국이 멀어지는 것처럼 보인다. 이것이 우리에게 파원(wave source)은 그 자리에 가만히 있고 파동이 움직이는(사방으로 퍼져나가는) 것처럼 보이는 이유다.

잔잔한 호수에 돌을 던졌을 때, 파동이 동심원을 그리며 퍼지는 것을 보고 있다면, 당신은 우주가 팽창하고 있는 현상을 보고 있는 것이다.

빛은 팽창하는 시공간상에 남겨지는 흔적 같은 것이다.

우리가 빛이라는 파동을 볼 때, 빛이 우리에게 다가오는 것이 아니라, 빛은 각각 그 파동이 발생한 시간대에 정지하여 머무르고 있고, 우리가 시간축 상으로 가속운동을 하며 광원이 시공간 상에 남긴 파동에 부딪히는 것이다.

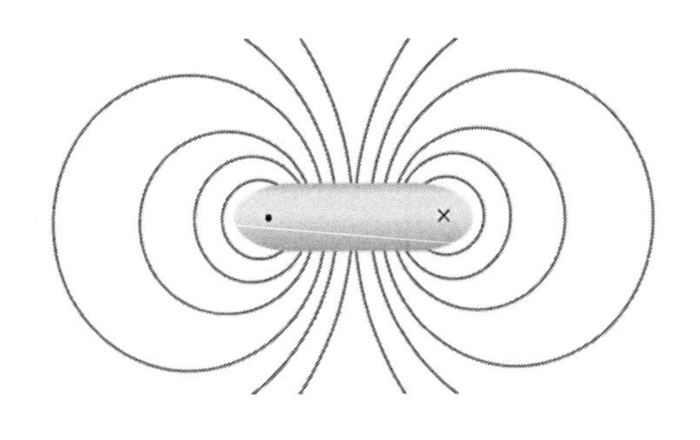

미시세계의 시공간이 팽창한다는 것은 자기력선의 모양으로 증명할 수 있다.

그림에서 보는 것처럼 자기장의 자기력선은 자성체로부터 공간상의 거리가 멀어질수록 간격이 넓어진다.

멀어지고 있는 은하에서 발견되는 적색편이 현상과 마찬가지로, 이것 또한 도플러 효과에 의한 현상이다.

은하 단위는 물론, 행성(지구) 단위에서도, 자석 단위에서도, 원자 단위에서도 시공간은 팽창하고 있다. 이것이 빛이

에테르(ether)[24]와 같은 매질 없이도 전파되는 이유다.

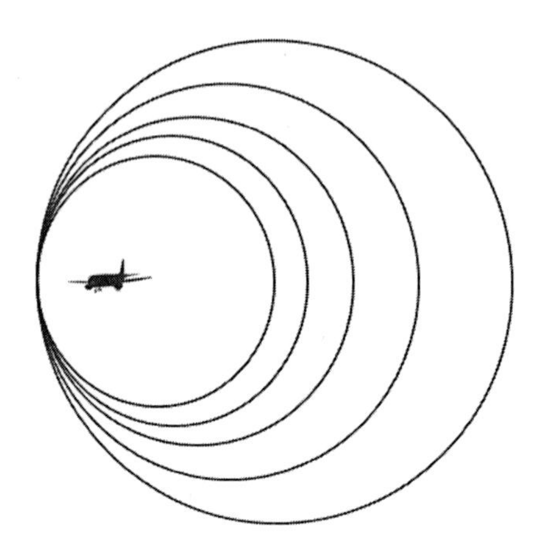

24) 빛을 파동으로 생각했을 때 이 파동을 전파하는 매질로 생각되었던 가상적인 물질. 마이컬슨과 몰리의 간섭계 실험을 통해 에테르의 존재는 완전히 부정되었다.

7 케플러 법칙

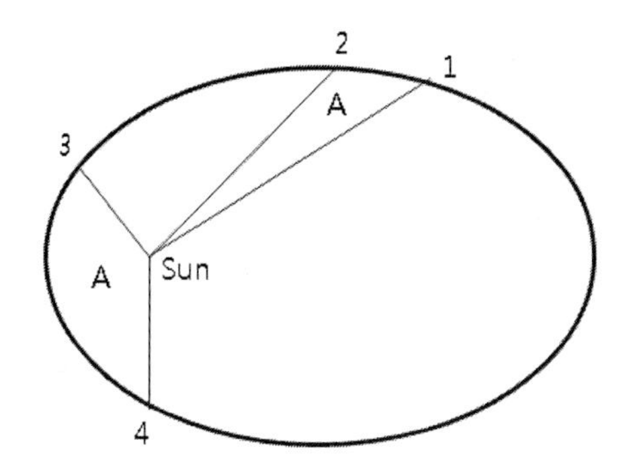

지구가 태양에 가까워질 때는 공전속도가 증가하고, 태양에서 멀어질 때는 공전속도가 감소한다.

인공위성이 지구에 가까워질 때는 공전속도가 증가하고, 지구에서 멀어질 때는 공전속도가 감소한다.[25)]

왜 무거운 중심에 가까워질 때는 속도가 증가하고, 무거운 중심에서 멀어질 때는 속도가 감소할까?

지구나 인공위성처럼 자유낙하 하는 물체의 운동은 가속

25) 이미 언급한 바 있지만, 지구는 태양을 향해, 인공위성은 지구를 향해 추락하고 있으며, 시공간이 팽창하기 때문에 궤도를 유지하고 있는 것이다.

운동임에도 불구하고, 관성력이 발생하지 않는다.

관성력 없는 가속운동은 분명 뉴턴역학적인 가속운동은 아니다.

관성력이 없으므로 겉보기에 가속운동으로 보일지라도 등속운동으로 보아야 한다.

관성력이 없는 등속운동인데 속도가 빨라지거나 느려지는 이유는 상대론적 효과 때문이다.

외부에서 힘이나 저항이 가해지지 않는 한, 등속운동하는 물체의 속도는 불변이어야 한다.

등속운동을 하는 물체가, 무거운 중심에 가까운, 즉, 시간이 상대적으로 느리게 흐르는 구간으로 접어들면 '겉보기 속도'가 빨라져야 등속이 유지된다.[26)]

---

26) 예를 들어, 인공위성이 초속 8km라는 등속을 유지하려면, 기존의 2초가 새로운 1초가 되는, 시간이 느리게 흐르는 구간에서는, 외부의 관찰자가 보았을 때 초속 16km로 운동하는 것처럼 보여야 한다.

8 시간과 공간의 대칭성

엠파이어 스테이트 빌딩을 지상에서 떼어내어 무중력의 우주 공간으로 옮겨 보자. 관찰자는 무중력의 우주공간에 떠있는 엠파이어 스테이트 빌딩 1미터 옆에 떠있다.

◆상황 1.

1미터 앞에 있는 엠파이어 스테이트 빌딩을 구성하는 원자들의 빈 공간을 모두 없애보자.

엠파이어 스테이트 빌딩은 바늘 크기로 작아지며,

무게는 365,000톤이다.

◆상황 2.

엠파이어 스테이트 빌딩이 바늘 크기로 작게 보일만큼 멀리 떨어져 보자.

엠파이어 스테이트 빌딩은 바늘 크기로 작아지며,

무게는 365,000톤이다.

시간과 공간은 대칭성을 가지며, 위의 두 상황은 물리적으로 동일하다.

중력, 전자기력, 핵력, 약력과 같은 힘은 시간과 공간의 대칭성(T = S)이 깨졌을 때 발생한다.

T 〉 S 일 때, 척력이 발생하고,

T 〈 S 일 때, 인력이 발생한다.

우리보다 무거운 세계(거시세계)와 관계된 힘이 중력이고,

우리보다 가벼운 세계(미시세계)와 관계된 힘이 전자기력, 약력, 핵력이다.

모두 근본적으로 같은 힘이지만 시간축 상에서 바라보는 방향에 따라 다른 힘처럼 보이는 것뿐이다.[27]

2번의 경우, '시간거리[28] = 공간거리' (T = S) 이므로 관찰자와 빌딩 사이에는 어떠한 힘의 작용도 없다.

관찰자가 다시 빌딩으로 다가가면, 빌딩은 크기가 커진다.[29] 여전히 '시간거리 = 공간거리'는 유지된다.

1번의 경우, 시간거리 〉 공간거리 (T 〉 S)이므로 관찰자와 빌딩 사이에는 힘이 발생하는데 척력이다.

중력(인력)으로 인하여 관찰자가 끌려가야 할 것 같지만, 엠파이어 스테이트 빌딩이 바늘 크기만큼 작아지려면 엄청난 에너지(폭발력)가 발생해야 하고, 1미터 옆에 있던 관찰자

---

27) 현재에서 과거를 바라보느냐 미래를 바라보느냐의 차이.

28) 질량차로 인해 발생하는 시간이 흐르는 속도의 차이를 시간거리라고 한다. 빛이 그 거리를 이동하는 시간이기도 하다. 가령, 1초 = 30만 km (T = S)

29) 길이 팽창.

는 그 폭발력에 의해 산산조각이 나고 조각들은 멀리 날아간다. 이 폭발력이 T 〉 S 에 의해 발생하는 척력이다.

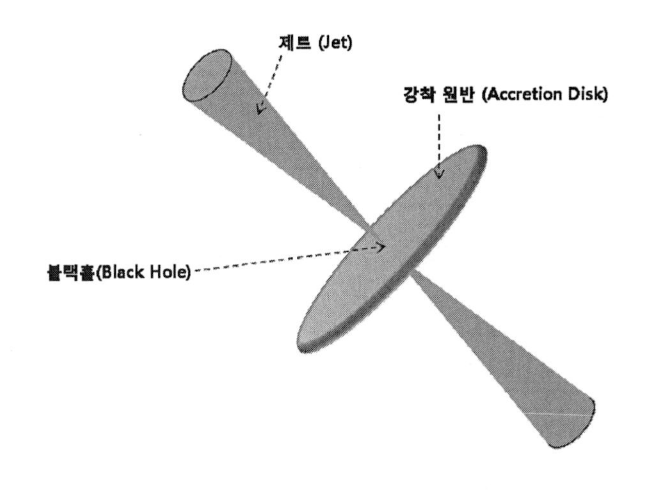

모든 물질이 블랙홀로 그냥 빨려 들어가는 것 같지만,

블랙홀로 다가갈수록 엄청난 가속도가 붙는다.

뒤집어서 생각하면, 엄청난 가속운동으로 (운동)질량을 증가시켜야만 블랙홀 가까이 다가갈 수 있는 것이다. 즉, 블랙홀만큼 무거워져야 무거운 블랙홀 가까이 다가갈 수 있는 자격(?)같은 것이 생기는 것이다.

블랙홀만큼 무거워져서 시간이 흐르는 속도가 블랙홀의 시간이 흐르는 속도와 가까워져야 그만큼 블랙홀 가까이 다가갈 수 있는 것이다. (T = S)

즉, 가벼워지면 블랙홀로부터 밀려나고 무거워지면 블랙

홀과 가까워진다.

물질(원자)은 블랙홀 가까이 접근하면서 아원자[30] 단위로 분쇄된다. 원자 내부의 빈공간은 우주에서 가장 가벼우며 시간이 가장 빨리 흐르는 공간이다. 즉 원자가 블랙홀로 다가갈수록 질량이 없는 원자내부의 빈 공간과 질량을 가진 원자핵의 시간 거리(T)는 점점 커지게 되어 척력이 발생한다. 결국 원자는 붕괴되어 원자내부의 빈 공간은 블랙홀 밖으로 날아가고 아원자들만 남게 된다.

아원자들은 강착원반을 형성하며 회전하다가 블랙홀 근처로 몰리게 되는데 이때 병목현상이 일어난다.

일부 아원자들이 블랙홀의 양쪽 극지역으로 밀려나면서 공전반경이 작아지게 되는데, 이때 (운동)질량을 잃고 제트의 형태로 분출된다.

블랙홀 내부로는 어떤 물질도 에너지도 들어갈 수 없다.[31]

30) 원자보다 작은 입자 혹은 원자를 구성하는 기본 입자.

31) 정보(information)가 블랙홀 내부로 들어갈 수 있느냐를 두고 스티븐 호킹과 과학자들의 논쟁이 있었는데, 호킹이 자신의 주장을 번복하면서 정보도 블랙홀 내부로는 들어갈 수 없는 것으로 결론이 난 것으로 보인다.

9 중력의 척력

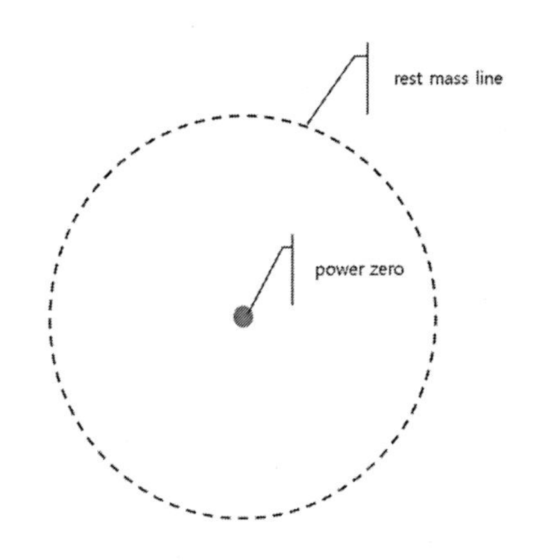

시공간면에서 질량을 가진 물질은 힘 원점(power zero)을 가진다. 그림의 힘 원점(power zero)을 지구(Earth)의 중력 원점이라고 보자.

지구의 중력 원점을 기준으로, 상대 물질의 상대적 질량에 따라, '시간거리 = 공간거리'인 지점에, 정지질량 기준선(rest mass line)이 존재한다.

상대 물질의 질량에 따라 정지질량 기준선과 힘 원점 사이의 거리가 달라진다.[32]

---

32) 지구의 중력 원점에 대해 깃털과 사과의 정지질량 기준선은 각각 다

힘 원점을 기준으로, 상대 물질이 정지질량 기준선 밖에 있으면 '시간거리 < 공간거리'가 되어 인력이 발생하고, 정지질량 기준선 안에 있으면 '시간거리 > 공간거리'가 되어 척력이 발생한다.[33]

태양이나 지구 같은 항성이나 행성 기타 위성의 경우, 대부분의 물질이 무겁기 때문에, 대부분의 정지질량 기준선들이 항성이나 행성, 위성 내부에 존재한다.

그래서 지구나 달의 지표면에서는 인력(중력)만 작용하는 것처럼 보인다.

하지만 가벼운 헬륨 풍선은, 헬륨 풍선과 지구의 정지질량 기준선까지 하늘로 올라간다.

지구 중심을 관통하여 지구 반대편까지 진공의 우물을 뚫어보자. 이 진공의 우물에 깃털과 사과를 떨어뜨려보자. 깃털과 사과는 어느 지점에서 멈출 것인가?[34]

오랜 왕복 운동을 마친 후에…

사과는 지구 중심에 가까운 곳에서 멈춰 설 것이고. 깃털은 지구 중심에서 멀리 떨어진 곳에서 멈춰 설 것이다.

르다.

33) 핵력의 반발력(척력)도 여기에 해당한다.

34) 지구의 자전 및 공전으로 인한 효과 등은 무시한다.

사과와 깃털이 멈춰 선 지점이 각각 지구에 대한 사과와 깃털의 정지질량 기준선상의 점이다.

지구에 대한 헬륨풍선의 정지질량 기준선은 수 km정도의 상공에 위치한다. 헬륨풍선이 그보다 높이 올라가면 인력에 의해서 다시 내려온다.

갈릴레오 온도계라는 것이 있다.

부력浮力[35]의 원리로 작용하는데, 투명한 액체가 들어있는 유리관과 온도 변화를 측정할 수 있게 해주는 내부의 여러 색의 액체가 들어있는 유리구들로 구성되며, 내부의 유리구들은 온도 변화에 의한 외부 액체와의 밀도 차이로 인해 뜨거나 가라앉는다. 이러한 유리구의 이동을 통해 온도를 측정할 수 있다.

부력의 공식은 $F=\rho Vg$ 이다.

ρ: 유체의 밀도

V: 물체가 유체에 잠긴 부분의 부피

g: 중력가속도

---

35) 물이나 공기 같은 유체에 잠긴 물체가 유체로부터 중력과 반대 방향인 위 방향으로 받는 힘. 그리스의 철학자 아르키메데스는 부력의 크기가 유체에 잠긴 물체의 부피에 해당하는 유체의 무게와 같다는 사실을 발견했다.

부력은 중력 없이는 존재할 수 없는 힘이며, 중력의 반대 방향으로만 작용한다.

우리에게 부력으로 알려진 힘은 중력의 척력이다.

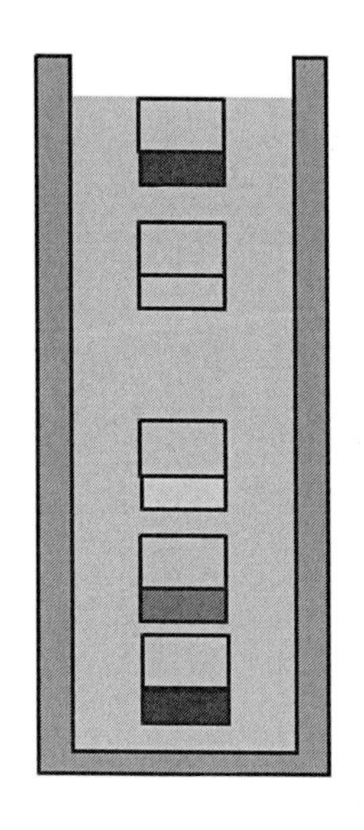

10 블랙홀 속의 우주

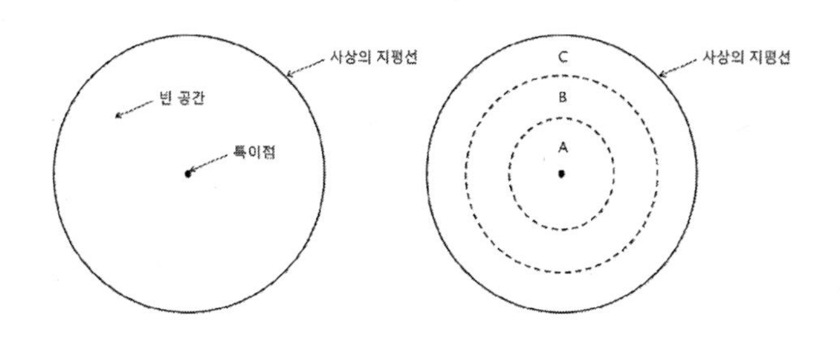

왼쪽 그림은 블랙홀의 단면도를 도시한 것이다.

블랙홀은 중심의 특이점과 껍질에 해당하는 사상의 지평선과 내부의 빈 공간으로 이루어져 있다.

블랙홀의 질량은 특이점에 집중되어 있으므로 내부의 빈 공간의 질량은 0(zero)이다.

오른쪽 그림은 블랙홀 내부의 빈 공간을 임의로 삼등분한 것이다.

특이점과 가장 가까운 공간이 A,

특이점과 가장 먼 공간이 C,

그 중간의 공간이 B다.

A, B, C 세 공간의 질량은 모두 0이다.

A, B, C를 모두 합쳐도 질량이 0이고, 각각의 질량도 0이다.

다만, 차이가 있다면 시간이 흐르는 속도에 차이가 있다.

'제대로 된' 상대성이론에 의하면, 상대적으로 무거운 공간의 시간이 상대적으로 느리게 흐르고, 상대적으로 가벼운 공간의 시간이 상대적으로 빠르게 흐른다.

특이점과 가장 가까운 공간 A의 시간이 가장 느리게 흐르고, 특이점과 가장 먼 공간 C의 시간이 가장 빠르게 흐른다.

블랙홀이 생긴 이후로 1,000억 년이 흘렀다고 가정해보자.

특이점은 질량 무한대이므로 시간은 하나도 흐르지 않았다.

A의 시간은 약 5억 년 정도 흘렀을 뿐이고,

B의 시간은 137억 년 정도 흘렀다.

C의 시간이 가장 빨리 흘러 1,000억 년이 흘렀다.

우리가 살고 있는 시공간은 B다.

전자와 양자들이 존재하는 미시세계가 C고,

허블 망원경으로 볼 수 있는 먼 은하들의 세계가 A이다.

원자 내부의 빈 공간을 의미하는 C가 가장 넓다.

우리는 우주의 현재(빅뱅 이후 1,000억 년이 흐른 시점)를 기준으로 우주의 과거(빅뱅 이후 137억 년이 흐른 시점)에 살고 있는 것이다.

우주의 미래는 이미 결정되어 있다.[36)]

이 상태에서 1,000억 년이 더 흘렀다고 가정해 보자.[37]

특이점에서 사상의 지평선까지의 거리는 2,000억 광년으로 늘어났고, A, B, C 사이의 거리는 더 벌어져 있다.

즉, 우주가 그만큼 더 팽창한 것이며, 블랙홀 내에서는 공간이 가속팽창하고 있는 것으로 관측된다.

---

36) 본문의 사례에서, 1,000억 년과 137억 년 사이의 863억 년 동안의 시간이 우리의 미래다.

37) 그 기간 동안 블랙홀이 증발하여 사라지지 않는다고 가정한다.

11 마탄의 역설

빛보다 빠른 총알, 마탄魔彈[38]이 있다.

마탄은 유령과도 같아서 눈에 보이지도 않고, 관찰/관측되지도 않으며, 물론 맞아도 죽지 않는다.

마탄은 우리에겐 물리적으로 존재하지 않는 것과 같다. 즉, '빛의 속도를 넘는 것은 없다'는 명제에 위배되지 않는다.

빛의 속도로 뒤늦게 도착한 마탄의 허상虛像이 몸에 맞을 때 비로소 피가 튀고 죽는다. 우리 몸 자체가 허상이기 때문이다.

인지할 수는 없지만, 마탄이 우리 몸을 그냥 지나간 후, 마

38) 베버(Carl Maria von Weber, 1786~1826)의 오페라 『마탄의 사수』(Der Freischütz)에 등장하는 마탄은 백발백중의 탄환이다.

탄의 허상이 우리 몸에 도착하기 전, 옆으로 한발자국 이동하면 어떻게 될까?

마탄의 궤적은 우리의 시간을 기준으로 미래에 그려지는 궤적이며, 미래는 원자 내부의 빈 공간에 존재하므로, 마탄의 궤적은 우리 몸을 구성하는 원자들 내부의 빈 공간을 이미 지나갔다. 따라서, 자리를 이동하더라도, 마탄의 허상이 지나갈 시간이 되었을 때, 마탄이 지나간 궤적 상에 있었던 원자들이 영향을 받으며 비로소 죽는다.

즉, 우리 몸을 지나간 마탄은 우리보다 시간상으로 미래에 존재하며, 마탄이 건드린 것은 현재의 우리 몸이 아니라, -마탄이 우리 몸을 지나감으로 해서 이미 확정된 - 미래의 우리 몸이다.

미래는 상대적으로 가벼운 원자 내부의 빈 공간에 존재하므로, 미래가 결정되었다는 의미는 원자의 미래가 결정되었다는 의미다.

우주의 미래는 결정되었지만 '내가 던지는 돌에 누가 맞을 것인가?'가 이미 결정되었다는 일반적인 의미의 결정론은 아니다.

12 자기력磁氣力

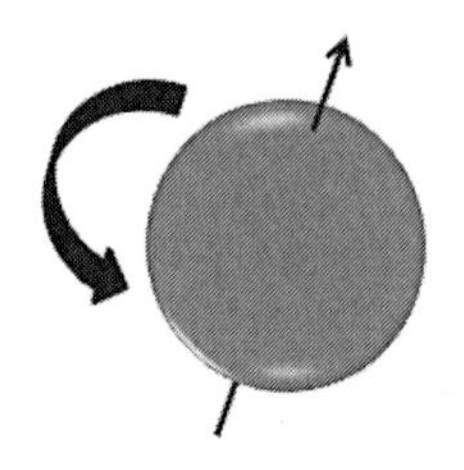

원자핵 없이, 임의의 한 점을 중심으로 원운동을 하는 전자를 생각해 보자. 둥글게 말린 전자석의 코일 속을 운동하는 전자라고 생각하면 된다.

전위차에 의해 도선을 흐르는 전자의 (운동)질량은 무거워진다. 무거워진 전자는 시공간을 왜곡시킨다.

스핀값이 0이 아닌 입자, 즉, 자전(회전)하는 입자도 자기장을 가진다.[39)]

신축성이 좋은 고무판(시공간면) 위에 가벼운 반지(ring)를 올려놓는다고 생각하면 된다. 반지가 무거워지면 다음 그림처럼 시공간을 왜곡시킨다.(Mexican hat potential)

---

39) 이 경우 입자의 적도 부근이 무거워진다고 보면 된다.

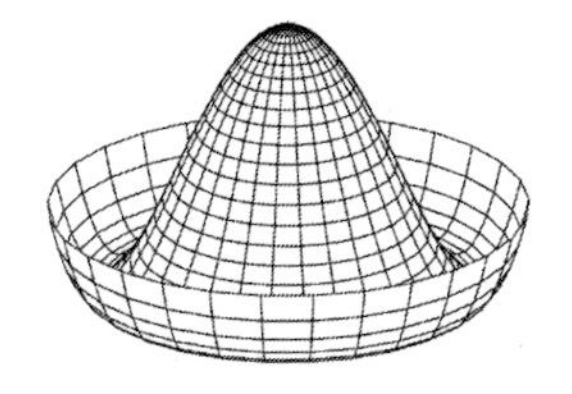

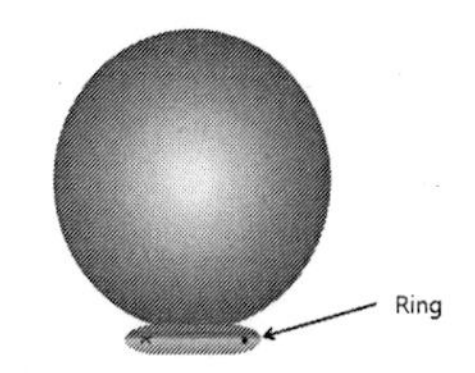

그림 좌측의 멕시코 모자 모양은 팽창하지 않는 시공간을 전제로 하므로 올바른 모양이 아니다. 팽창하는 시공간에서는 우측의 그림처럼, 위로 솟아오른 멕시코 모자 부분이 팽창한다. 팽창한 시공간은 아래의 그림처럼 Ring의 반대 방향으로 빨려 들어간다.

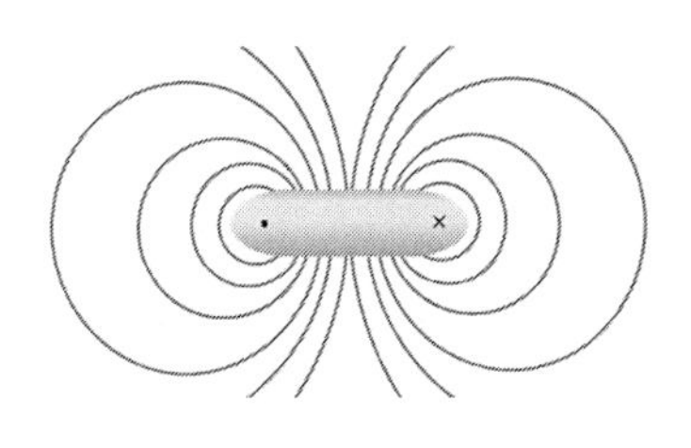

자전하는 자이로스코프의 자전축 방향이 무거운 지구 중심이듯, 자전하는 입자의 자전축 방향은 무거운 공간이다. 따라서 Mexican hat potential에서 가벼운 위로는 시공간이 팽창하여 부풀어 오르고, 무거운 아래로는 시공간이 빨려 들어가는 모양이 된다.

제2장

요리하기

1 왜 멀리 있는 것은 작게 보일까?

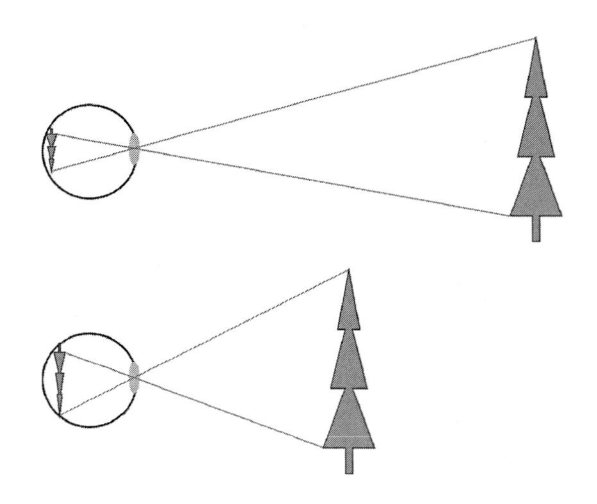

이에 대한 기존의 과학적인 답변은 '수정체를 통과하는 시각視角의 차이 때문'이다.

이러한 시각視角의 차이는 왜 생기는가?

즉, 물체가 멀어질수록 왜 시각視角이 점점 작아지는가?

결국 수정체를 통과하는 시각視角의 차이라는 답변은 '멀리 있는 것은 왜 작게 보일까?'라는 질문의 반복 및 변형일 뿐이며, 답변이 될 수 없다.[40)]

먼저 시간과 공간이 대칭성(symmetry)을 이루고 있다는 것을 보여주는 사고실험[41]을 하나 해보자.

실험실에서 어찌 어찌해서 상당히 오랜 시간동안 지속되는 인공적인 미니 블랙홀을 만들었다고 가정한다.[42]

지름이 10미터(반지름 5미터)인 구球형의 실험실 중앙에 미니 블랙홀을 띄워둔다. 실험실 안쪽 벽 전체에는 레이저를 감지할 수 있는 센서가 조밀하게 설치되어 있다.

실험실 밖에서 미니 블랙홀을 향해 가느다란 레이저를 쏜다. 레이저의 일부는 미니 블랙홀 속으로 빨려 들어갈 것이고, 일부는 태양 주위를 도는 혜성처럼 미니 블랙홀의 사상의 지평선 가까이 접근했다가 휘어져서 돌아 나올 것이다.

이 시간을 측정했더니 레이저가 약 2.7초 만에 돌아왔다.

그렇다면 이 미니 블랙홀은 육안 상으로는 관찰자로부터 불과 5미터[43] 남짓 떨어져 있는 것처럼 보이지만, 실제로는 지구와 달만큼의 거리(368,000km) 이상 떨어져 있는 것이다.

똑같은 경로로 주기적으로 레이저를 발사했을 때, 레이저가 돌아오는 시간이 점점 길어진다면, 미니 블랙홀은 관측자로부터 점점 더 멀어지고 있는 것이다.

돌아온 레이저를 분석해 보면, 멀어져 가는 은하를 관측

---

40) 과학적인 답변이라는 것들 대부분이 이런 식이다.

41) 아인슈타인이 사용했던, 생각만으로 시행하는 실험.

42) 원래 미니 블랙홀은 금방 증발된다.

43) 공간거리(S).

했을 때 나타나는 적색편이 현상도 나타난다.

그런데 미니 블랙홀은 시간이 흐르지 않으므로 시공간면상에서 그 자리에 가만히 있는 것이다.

블랙홀보다 가벼운 관찰자가 블랙홀로부터 (시간축 상으로) 점점 더 멀어지고 있는 것이다.

우주(시공간)가 팽창하고 있기 때문에 벌어지는 현상이다.

사고실험을 하나 더 해보자.

광속으로 비행하는 거대한 우주선이 태양 가까이에서 태양을 지나가고 있다고 가정한다.

태양의 지름은 140만km이며, 광속 우주선이 태양을 완전히 지나치는 데 걸리는 시간은 4~5초 정도이다.[44)]

지구에서 보면, 태양이 손톱만한 크기로 보이는데, 광속 우주선이 겨우 손톱만한 거리를 가는 데 4~5초씩이나 걸리는 것으로 관찰된다.

즉, 단지 공간상에서 멀리 떨어져 있는 것만으로도 그만큼 시간지연과 길이수축이 일어난다.

상대성이론에서 중력과 가속운동으로 발생하는 관성력이 동일한 것이듯이, 공간상에서 멀리 떨어져 있는 것과 시간

44) 태양의 중력으로 인한 시간지연은 제외한다. 우주선이 지나가는 장소가 굳이 태양 근처일 필요는 없다. 지구에서 태양까지의 거리만큼 떨어진 곳이면 된다. 이해를 돕기 위해 태양 근처라고 설정했을 뿐이다.

상에서 멀리 떨어져 있는 것은 동일한 것이다.

어떤 물체가 광속 가까이 운동하게 되면 길이가 짧아지는 길이수축 현상이 일어난다.

길이수축이란 광속 가까이 운동을 하기 때문에 발생하는 현상이 아니라, 그로 인해 시간이 느려지기 때문에(관찰자와의 시간거리가 커지기 때문에) 발생하는 현상이다.

즉, 운동을 하지 않아도 그 공간의 시간이 관찰자의 시간보다 상대적으로 느리게 흐르면(또는 느리게 흐르는 것처럼 보이면) 길이수축 현상은 일어난다.

공간상에서건, 시간상에서건, 멀리 떨어져 있으면 길이수축 및 시간지연이 일어난다.

마지막으로 사고실험을 하나 더 해보자.

전자현미경으로 원자를 촬영하고 있는 실시간 동영상을 찍어, 가로 세로 1미터 × 1미터의 모니터에 연결시켜보자. 원자 하나가 모니터에 꽉 차게 확대되어 있다.

아주 가느다란 레이저가 수소원자를 가로지르도록 쏜다.[45]

---

45) 태양을 가로지르는 광속우주선의 사고실험과 유사하다.

실시간이라는 조건이 유지되려면, 모니터 상에서 지나가는 레이저는 광속을 넘어야 한다. 광속이 불변이려면 모니터를 지나가는 레이저는 과거의 레이저이어야만 한다.

우리의 눈은 수정체라는 렌즈를 통하여 모든 사물을 확대해서 본다.

우리가 과거를 바라볼 때, 광속이지만 광속보다 느리게 관찰되고,

우리가 미래를 바라볼 때, 광속보다 빠르지만 광속으로(광속까지만) 관찰된다.[46)]

46) 광속보다 빠른 것은 '아직' 존재하지 않는 것과 같다. 1장 11. '마탄의 역설' 참조.

2 왜 커피는 뜨거운 물에서 더 잘 녹을까?

높은 산에 올라가 밥을 지을 때는 솥뚜껑에 돌을 올려놓아야 한다. 압력이 낮아지면 물의 끓는점이 낮아지기 때문이다.

비커에 찬 물을 넣고 진공펌프로 비커 내부의 압력을 낮추면 찬 물이 끓는다. 이것은 물의 끓는점이 낮아지는 것을 의미하고, 나아가, 물의 어는점과 끓는점 사이의 거리(온도차)가 짧아진다는 것을 의미한다.

앞서 설명한 것처럼, 시간이 길어지면(시간이 느려지면), 공간이 짧아지는 길이수축 현상이 일어나고, 공간이 길어지면(압력이 낮아져 공간이 팽창하면), 시간이 짧아지는(시간이 빨라지는) 시간수축 현상이 일어난다.

물의 어는점과 끓는점 사이의 거리(온도차)는 공간축 상에서 척도가 되는 자(ruler)처럼, 시간축 상에서 하나의 척도로 쓰일 수 있다. 즉, 그 공간의 시간이 빠르게 흐르는지 또는 느리게 흐르는지를 판단할 척도가 될 수 있는 것이다.

비커 내의 압력이 낮아지면, 비커 내의 공간이 팽창하

여, 비커 내의 공간이 상대적으로 가벼워지며, 상대성이론에 따라 비커 내의 시간이 상대적으로 빠르게 흐르게 된다. 따라서, 물이 어는점에서 끓는점까지 도달하는 시간이 짧아지며, 온도가 섭씨 100도에 이르기 전에 끓게 되는 것이다.

상대성이론의 이러한 특성은 특정한 상황에서 뜨거운 물이 찬 물보다 '빨리' 끓는 음펨바 효과(Mpemba effect)에도 적용 가능하다.

뜨거운 물이란, 물분자가 열에너지를 받아 활성화된 상태, 즉 물분자가 상대적으로 가벼워진 상태(단위 부피당 질량이 낮아진 상태)의 물을 의미한다. 압력을 낮춰서 물분자를 상대적으로 가볍게 만드는 것과 차이가 없다.

즉, 상대적으로 가벼운 뜨거운 물의 시간이, 상대적으로 무거운 찬 물의 시간보다 더 빨리 흐른다는 것이다.

따라서, 커피는 뜨거운 물에서 더 잘(빨리) 녹는다.

3 왜 무거운 것이나 가벼운 것이나 똑같은 속도로 떨어질까?

아인슈타인은 중력과, 무중력 공간에서 가속운동을 하는 엘리베이터(또는 우주선) 안에서 발생하는 힘(관성력)을 같은 힘이라고 보았다.[47]

공간축 상에서 가속운동하지 않는데도, 중력(관성력)이 발생한다는 것은 시간축 상에서 가속운동하고 있다는 의미다.

무거운 물건이건 가벼운 물건이건, 일단 떨어지면 - 시간축 상에서의 가속운동이 - 정지한 것이다.[48]

차(또는 배)를 타고 가다가 차(또는 배) 밖으로 무거운 물건

---

47) 정확히는 '구별할 수 없다'고 하였다.

48) 실질적으로는 가속운동에서 등속운동으로 전환된 것이다. 일반상대성이론에서 등속운동은 정지한 것과 같다.

을 던지건 가벼운 물건을 던지건, 차(또는 배) 밖으로 던져져 땅(또는 물)에 떨어진 물건은 차(또는 배)를 타고 있는 사람이 보았을 때 똑같은 속도로 멀어진다. 따라서, 공기 저항이 없을 때, (사과의) 질량에 관계없이 낙하 속도는 같다.

만일 무거운 것과 가벼운 것이 다른 속도로 떨어진다면, 자유낙하 하는 것만으로도 우리 몸은 분해될 것이다.[49)]

49) 우리 몸에도 가벼운 부분과 무거운 부분이 있다.

4 확률론(코펜하겐 해석)

이젠 물리학이라고 하면 양자물리학을 떠올리는 것이 자연스러운 세상이 되었다. 우주물리학자는 물리학자라기보다는 천문학자라는 표현이 더 어울리며, 아인슈타인의 상대성이론은 뉴턴역학과 함께 물리학자가 되기 위해 배워야 하는 고전물리학쯤으로 치부되고 있다.

양자물리학을 제외한 모든 과학은 결정론이다.

양자물리학을 제외한 모든 과학에서, 이론상으로 모든 물리 현상은 100% 예측할 수 있는 것이다. 100% 예측할 수 있기 때문에 미래는 이미 결정된 것과 마찬가지라는 것이다.

그런데 양자물리학은 결정론이 아닌 확률론이다. 심하게 말하면 기존 과학의 입장에서 보았을 때, 양자물리학은 과학의 범주에 속하지 않는다.[50)]

양자물리학의 근간이 되는 불확정성의 원리에 따르면,

입자의 위치와 운동량을 모두 정확하게는 알 수 없다.

한마디로, '알 수 없다'를 원리로 하는, 과학 같지 않은 과학이 되어 버린 것이다.

---

50) 아인슈타인은 '신은 주사위를 던지지 않는다.'며 확률론을 부정했다.

앞서 언급했던 것처럼, 우리는 과거의 우주에 살고 있다.

그런데 대부분의 인간은 지금까지도 현재의 우주에 살고 있다고 생각한다. 과거의 인간들이 지구가 우주의 중심이라고 생각했던 것처럼, 여기서부터 오류는 시작된다.

원자 내부의 세계, 즉 미시세계는 시간상으로는 미래에 속하는 공간이다.

미시세계는 '미래공간'이기 때문에 입자의 위치와 운동량을 모두 정확하게는 알 수 없는 것이다.

미래가 불확실하다는 것은 수천 년 전 거북이 등껍질로 점을 쳤던 점쟁이도 알았던 사실이다.

미래가 불확실하다는 것을 설명하기 위해 별도로 어떤 원리[51]씩이나 필요한 것은 아니다.

양자물리학의 확률론은 우리가 우주의 과거에 살고 있다는 인식의 결여 또는 우리가 우주의 현재에 살고 있다는 착각에서 발생한 오류일 뿐이다.

슈뢰딩거의 고양이는 죽었다.[52]

---

51) 불확정성의 원리.

52) 죽었거나 살아있거나 둘 중의 하나의 상태이지 고양이의 삶과 죽음이 중첩되어 있는 것이 아니다.

5 가상의 물질과 가상의 에너지

현대물리학은 가상의 물질과 가상의 에너지로 가득 차 있다.

2013년 노벨 물리학상으로 주목을 받았던 힉스입자 또는 힉스메커니즘으로 표준모형은 완성(?)되었다.

하지만 이미 표준모형은 우주의 4%밖에 설명할 수 없는 초라한 이론으로 전락한 이후였다.

2013년 노벨 물리학상은 한 때는 거창했으나 이제는 몰락한 지배자가 아직 힘이 남아있을 때 챙겨가는 마지막 선물(?) 같은 느낌이었다.

그에 대한 죄책감이었을까? 이듬해인 2014년 노벨 물리학상은 물리학자가 아닌 청색LED를 발명한 '공학자'들에게 수여되었다.

우주의 4%를 제외한 나머지 우주는 암흑물질(23%)과 암흑에너지(73%)라는 가상의 물질과 가상의 에너지로 채워져 있다. 수많은 과학자들이 암흑물질이라는 가상의 물질을 찾기 위해 오늘도 열심히 '삽질(?)'하고 있지만, 대부분의 삽질이 그러하듯 결과는 신통치 않다.

우주의 23%씩이나 차지하고 있는 암흑물질이 그렇게도

발견하기 힘든 것이 더 이상한 것이다. 암흑물질이 우주의 23%씩이나 차지하고 있다면, 암흑물질을 감지하는 센서를 켜자마자 정신없이 알람이 울려야 하는 것이 정상이다.

암흑물질의 존재를 추정하게 된 계기는 은하의 회전속도를 연구하던 중, 은하 가장자리의 회전속도가 예측한 것보다 빨랐기 때문이다. 하지만 이는 시간이 흐르는 속도차를 충분히 반영하지 않았기 때문에 발생한 오류일 가능성이 있다.

별들이 모여 있는 은하 중심부가 은하의 가장자리보다 상대적으로 무겁다.

상대성이론에 의하면 상대적으로 무거운 은하의 중심부와 상대적으로 가벼운 은하의 가장자리는 시간이 흐르는 속도가 다르다.

즉, 관찰자가 보았을 때, 은하 중심부의 시간은 은하 가장자리의 시간보다 상대적으로 느리게 흐르는 것으로 관찰된다.

따라서 은하 가장자리의 회전속도가 은하 중심부보다 상대적으로 빠르게 관찰되는 것은 당연한 것이다.

잠시 천동설 이야기를 해보자.

당연한 얘기지만, 천동설에는 고질적인 문제들이 있었는

데 대표적인 것이 행성의 주전원(Epicycle) 운동이다.

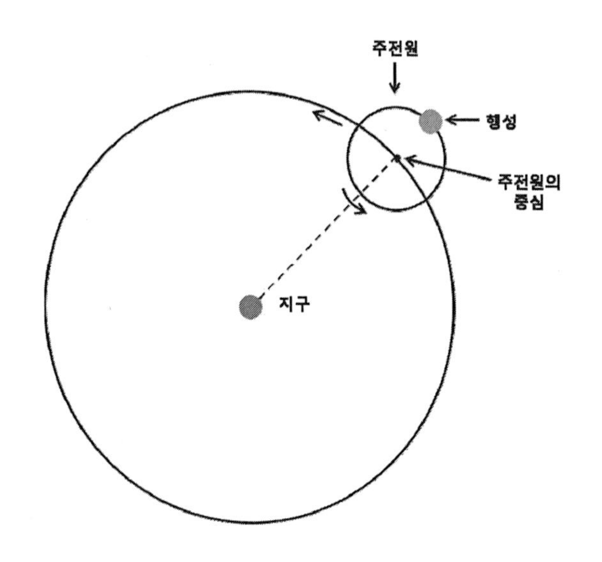

당시의 우주, 즉, 태양계에는 두 가지 물리법칙이 존재했는데,

지구를 중심으로 원운동으로 공전하는 태양과 달에 적용되는 물리법칙과,

지구를 중심으로 주전원 운동으로 공전하는 행성들에 적용되는 물리법칙이었다.

마치 오늘날 우주가 상대성이론과 양자물리학으로 나뉘어 설명되고 있는 것처럼 말이다.

노년의 아인슈타인처럼, 프톨레마이오스를 비롯한 천동설 학자들도 이 두 가지 물리법칙을 통합하려 했지만 결국

실패했다.

만일 천동설 학자들이 오늘날 과학자들이 하고 있는 것처럼, 암흑물질 같은 가상의 물질을 주전원의 중심에 배치해서 행성의 주전원 운동을 설명했다면 천동설도 나름 완벽한 이론이 되었을 것이다. 하지만 코페르니쿠스는 지동설을 생각해내는 대신, 오늘날 과학자들이 삽질하고 있는 것처럼, 암흑물질을 찾아 평생을 삽질만 하다가 죽었을 것이다.

가상의 물질과 가상의 에너지를 사용하면…

파리(fly)를 새(bird)로 만들 수도 있고, 인간이 물 위를 걷게 할 수도 있다. 그 어떤 비현실적이고 비과학적인 물리현상도 모두 설명할 수 있다.

지동설이 등장하기 이전인, 세종대왕 시대에 제작된 칠정산외편을 보면 일식의 시작인 초휴初虧와 끝인 복원復元을 1분 내외의 오차 범위 내에서 정확하게 예측했음을 알 수 있다.

즉 오늘날 양자물리학이 정확한 예측을 자랑하고 있지만 그것이 이론이 맞기 때문은 아니라는 것이다.

예측의 정확성이 이론의 타당성까지 담보할 수는 없는 것이다.

가설을 세우고 실험을 하다가 실험 결과가 가설과 다르면

뚝딱 하고 가상의 물질이나 가상의 에너지를 만들어 내어 실험 결과에 가설을 끼워 맞추고, 자신이 만들어낸 가상의 물질과 가상의 에너지에 대한 입증 책임은 다른 과학자들에게 던져 버리는 과학의 방법론[53]… 참으로 편리하긴 하지만, '쓰레기' 이론들을 양산할 가능성이 높은 방법론일 수밖에 없다.

과학 이론에 가상의 항을 도입한 것은 아인슈타인이었다.

아인슈타인의 상대성이론은 중력을 설명하는 이론이다.

중력밖에 없는 '아인슈타인의 우주'는 수축될 수밖에 없다. 정적인 우주를 원했던 아인슈타인은 자신의 우주가 수축되지 말라고, 우주상수라는 가상의 상수를 집어넣었다.[54]

당연히 이 우주상수는 척력의 의미를 가지고 있었고, 오늘날에는 암흑에너지를 설명할 수 있는 상수로 둔갑되었다.

당대 최고의 과학자였던 아인슈타인에 의해, 자신이 만든 이론에 검증되지 않은 가상의 항을 집어넣는 일이 당연한 것처럼 여겨지자, 대부분의 과학자들이 이 편리한 방법론을 따라 하기 시작했다.[55]

---

53) 이렇게 미루어지고 미루어져서 최종적으로 표준모형의 모든 입증 책임을 떠안은 것이 힉스입자다.

54) 어떤 이들은 상대성이론에 의하면 우주가 팽창하기 때문에 정적인 우주를 원했던 아인슈타인이 우주상수를 넣었다고 주장하는데, 이는 잘못 알려진 것이다.

가상의 항을 사용한 과학적 방법론 자체를 부정하는 것은 아니다. 하지만 그러한 방법론은 검증이 용이한 가설에만 지극히 제한적으로 사용되어야 한다. 갈 길이 바쁜 인류에게 '천년 삽질'을 하게 만드는 원인이 될 수 있기 때문이다.

그동안 논리실증주의자들을 비롯한 과학자들이 전가의 보도처럼 휘둘러온 '오컴의 면도날'(Ockham's razor)[56]은 이럴 때 쓰라고 있는 것이다.

55) 아인슈타인 자신은 우주상수를 집어넣은 일이 일생에서 가장 큰 실수라고 하였다.

56) 어떤 현상을 설명할 때 불필요한 가정을 해서는 안 된다는 원리.

6 베타 붕괴(약력)

1) 전자 포획

전자포획은 플러스 베타붕괴 과정 중에서 양성자가 전자를 집어삼켜 중성자가 되는 과정이다.[57] 그런데 양성자와 전자 하나씩을 합쳐봐야 질량이 중성자 하나만도 못하다. 그렇다면 없던 질량은 어디에서 왔을까? 양자물리학에서는 그것을 중성미자 등의 가상의 입자라고 본다.

지구 위에서는 무거운 우주복을 껴입고 힘들게 움직이던 우주인이 달 위에서는 통통 튀면서 거의 날아다닌다. 즉, 달에서는 가볍던 것이 지구에 오면 (상대적으로) 무거워진다.

이처럼 궤도를 도는 전자의 질량보다 양성자로 흡수된 전자의 질량이 훨씬 무거운 것은 상대성이론으로 볼 때 당연한 것이다. 그래서 없던 질량이 갑자기 생긴 것처럼 보이는 것이다.

2) 마이너스 베타 붕괴

양자물리학에서 이 과정은,

57) 양성자 + 전자 = 중성자

[중성자 → 양성자 + 전자 + 중성미자]로 표현된다.

중성자 표면 가까이에서 전자와 양전자의 쌍생성이 발생한다. 쌍생성으로 발생한 양전자는 중성자와 충돌하여 중성자에 포함되어 있는 전자와 쌍소멸하고, 이런 식으로 전자를 잃은 중성자는 양성자가 된다.

쌍생성으로 발생한 전자는 마치 중성자에서 튀어나오는 것처럼 관측된다.

이때 위에서 설명한 전자포획의 역과정이 발생한다. 즉 있었던 질량이 갑자기 사라진 것처럼 보인다. 이 사라진 질량을 양자물리학에서는 중성미자 등의 가상의 입자로 설명하는 것이다. 하지만 상대성 이론으로 설명 가능한 질량의 변화일 뿐이다.

3) 플러스 베타 붕괴

양자물리학에서 이 과정은,

[양성자 → 중성자 + 양전자 + 중성미자]로 표현된다.

플러스 베타붕괴는 고립된 양성자에게서 스스로 일어날 수 없다. 즉, 양성자 스스로 양전자를 뱉어낼 수는 없다.

중성자 표면 가까이에서 전자와 양전자의 쌍생성이 발생한다. 쌍생성으로 발생한 전자는 양성자로 들어가 양성자가 중성자가 되고, 쌍생성으로 발생한 양전자가 양성자 밖으로 튀어나오는 것처럼 관측된다.

이때 위에서 설명한 전자포획 과정이 일어난다.

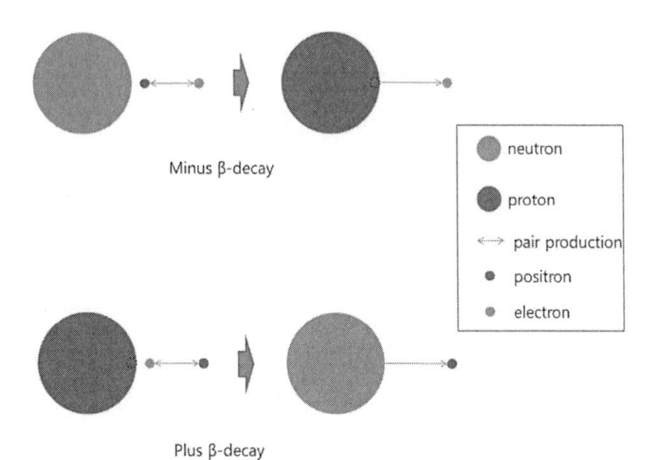

7 입자설粒子說

빛은 뉴턴역학의 시대에는 입자였다.

17세기에 이르러 토마스 영[58]의 이중 슬릿 실험에서 빛은 파동이라는 것이 밝혀졌고, 막스 플랑크의 양자론에 기반한 아인슈타인의 광전효과에서 다시 입자라는 것이 밝혀졌다.

오늘날, 빛이 입자인가 파동인가의 문제는 입자와 파동의 성질을 동시에 지녔다고 하는 이도저도 아닌 양자물리학의 중첩 논리로 마무리 되었다.

빛이 입자라는 현대적 논리의 근거는 막스 플랑크의 양자(quantum)로 거슬러 올라간다. 막스 플랑크는 흑체복사 연구를 통하여 에너지가 불연속적이라는 사실을 발견했고, 에너지의 최소 단위라 할 수 있는 플랑크 상수를 만들었다.

즉, 모든 에너지는 플랑크 상수의 정수배라는 것이다.

막스 플랑크의 양자이론에 기초하여,

아인슈타인은 광전효과를 통하여 광자의 입자성을 입증하여 1921년 노벨 물리학상을 수상했고,

보어는 원자 구조와 원자에서 나오는 복사에너지의 발견

58) Thomas Young (1773~1829)

으로 1922년 노벨 물리학상을 수상했고,

밀리컨은 유적실험을 통하여 전자의 질량을 측정하여 1923년 노벨 물리학상을 수상했다.

이 시기 과학계의 유행(?)이 막스 플랑크의 양자론이었다는 것은 분명해 보인다.

여기에는 몇 가지 석연치 않은 점이 있다.

밀리컨은 많은 결과물 가운데 자신이 계산한 단위 전자 전하의 정수배가 되는 전하만을 선별적으로 사용하여, 자신의 가설과 맞지 않는 자료들은 '잘못된 실험결과'라며 최종 분석에서 제외하였다. 오늘날의 기준으로 보면 논문 조작에 해당한다.

쉽게 말해서, 주사위를 던지면 짝수만 나온다는 가설을 세우고 나서, 실험결과 중에 1, 3, 5가 나온 결과들은 모두 버리고, 2, 4, 6이 나온 결과만 선택했다는 것이다.[59]

1919년 11월 6일, 아서 에딩턴[60]은 개기일식을 이용하여 아인슈타인의 일반상대성이론을 증명하였다.

이로써 아인슈타인은 일약 세계적인 스타가 되었다. 그런데 2년 후, 과학계의 대스타 아인슈타인은 자신을 대스타로

---

59) 이러한 데이터 조작은 힉스입자 발견으로 유명해진 2013년 노벨 물리학상에도 나타난다.

60) Arthur Stanley Eddington

만들어준 일반상대성이론이 아닌 광전효과로 노벨 물리학상을 받았다.

당시 상대성이론을 제대로 이해할 수 있는 과학자가 거의 없었던 상태에서, 아직 상대성이론이라는 새로운 패러다임에 적응하지 못한 당시 과학계가 이미 대중적인 스타가 되어버린 아인슈타인에게 던져 준 고육책이라는 느낌을 지울 수 없다.

대부분의 과학자들은 파동은 연속적인 것이라는 인식을 가지고 있다. 그래서 불연속적인 것은 '무조건' 파동이 아니라는 생각을 하는 것 같다.

빛과 같은 전자기파의 파동은 단일 파원에 의한 파동이 아니다. 전자기파는 원자 수준의 진동에서 발생하는데, 단일 원자에서 나오는 전자기파를 잡아내기란 거의 불가능하다. 대부분의 전자기파는 다수의 원자들에서 발생한 파동들이 중첩된 파동으로 이루어져 있다.

광자나 전자를 두 개 이상의 파동이 겹쳐진(간섭된) 파동으로 보면, 그 에너지의 크기는 불연속적이다.

상식적인 얘기지만, 동일한 진폭을 가진 파동과 파동이 만나면 진폭은 그 2배(정수배)가 된다.

특정 주파수(진동수) 이상의 전자기파를 쏘이면 물질에서 전자(광전자)가 튀어나오는 현상을 광전효과라고 하는데, 이는 파동의 공진현상(resonance)으로 설명할 수 있다.[61]

금속에 전자(음극선)를 쏘면 X선(뢴트겐선)이 발생하고, 역逆으로, 금속에 X선을 쏘면 전자가 튀어나간다는 것은 전자의 진동수와 X선의 진동수가 같다는 것을 의미한다.

즉 광전효과는 파동으로 충분히 설명 가능한 현상이다.

61) Ex. 소리굽쇠의 공명현상.

8 호이겐스 원리에 입각한 콤프턴 효과의 재해석

빛의 입자설의 근거 중의 하나가 콤프턴(compton) 효과다.

콤프턴 산란 실험에서, (정지된) 전자에 의해 산란된 X선은 산란된 각도에 따라 원래보다 긴 파장의 X선이 된다.

62)

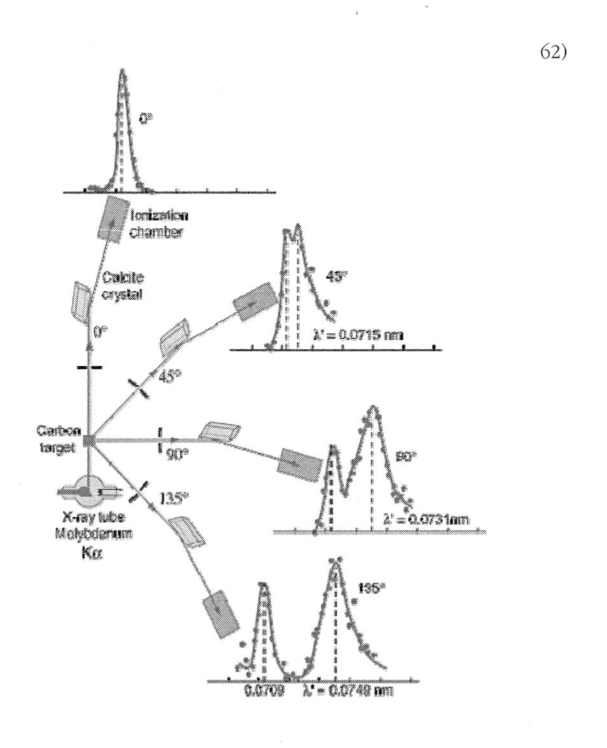

62) 두 개의 봉우리를 볼 수 있는데, 좌측의 봉우리가 원래 X선의 파장을 나타내고, 우측의 봉우리가 탄소 타겟(Carbon target)의 전자에 의해 산란된 X선의 파장을 나타낸다.
(그림 출처: http://hyperphysics.phy-astr.gsu.edu)

63)

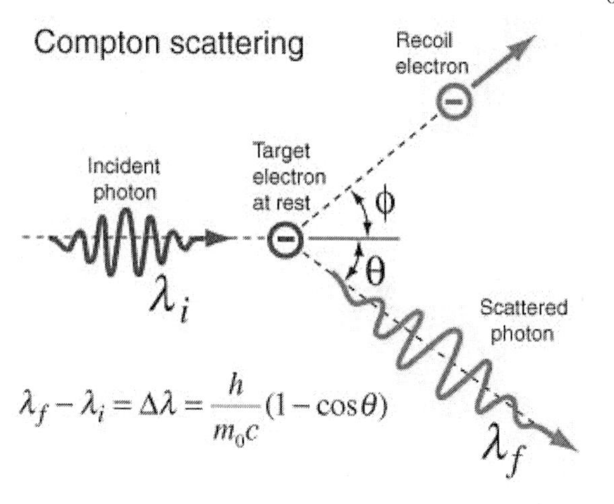

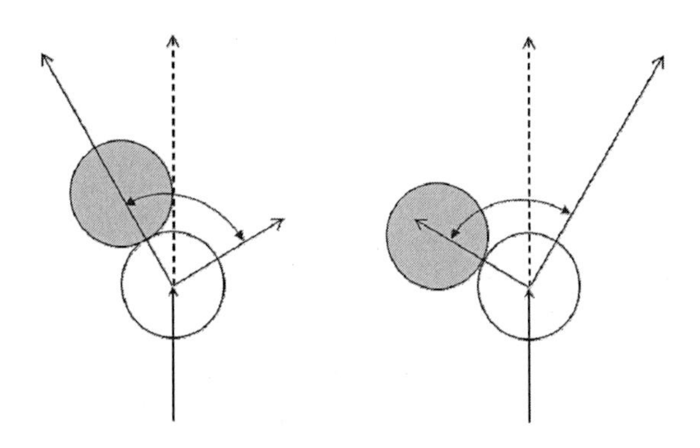

당구(billiards)를 생각해보자. 수구[64]와 적구[65]가 있다. 수

---

63) 그림 출처: http://hyperphysics.phy-astr.gsu.edu

64) 쳐야 할 공. X선(광자, photon)을 의미.

65) 맞혀야 할 공. 전자(electron)를 의미. 정지한 전자다.

구가 적구에 두껍게 맞으면 수구의 진행방향은 크게 각도가 틀어지고 운동에너지는 크게 감소한다. 반면, 적구는 에너지를 많이 얻고 각도는 적게 틀어진다. 이때 수구의 운동에너지가 감소하는 현상을 전자에 의해 산란된 X선의 파장이 길어지는 현상이라고 이해하면 된다.

적구가 튀어나가는 현상은 전자가 방출되는 현상으로 이해하면 되며, X선의 산란되는 각도가 클수록 방출되는 전자의 에너지도 커지며, X선의 산란되는 각도(θ)와 전자가 방출되는 각도(Φ)도 상관관계가 있다.

여기까지가 입자설에 입각한 콤프턴 효과에 대한 설명(해석)이다.

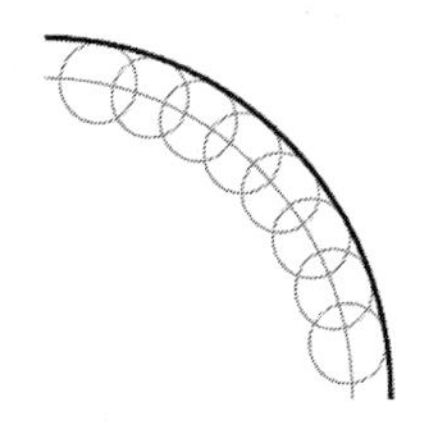

파동이 진행할 때, 파면 위의 모든 점들은 새로운 점파원이 되고, 이 점파원에서 만들어진 파동들의 공통 접선이 새로운 파면이 된다는 것이 호이겐스[66]의 원리다.

66) Huygens, Christian (1629~1695)

호이겐스의 원리는 파동설의 기초가 되었지만 뉴턴의 입자설에 밀려 빛을 보지 못한 이론이다. 하지만, 지금까지 인간이 만든 이론 중에서 우주(시공간)가 팽창한다는 사실에 부합하는 거의 유일한 이론이다.

파면 위의 모든 점들이 새로운 점파원이 된다는 것은 파면위의 모든 점들은 새로운 파동을 발생시킨다는 의미다.

이러한 호이겐스의 원리의 특성에 의하면 콤프턴 산란 실험에서 X선 파동이 새로운 점파원을 형성하면서 진행하는 방향으로는 청색편이가 나타나고, X선이 진행하는 반대 방향으로는 적색편이가 나타난다는 의미가 된다. 즉, 도플러 효과가 나타난다는 것이다.

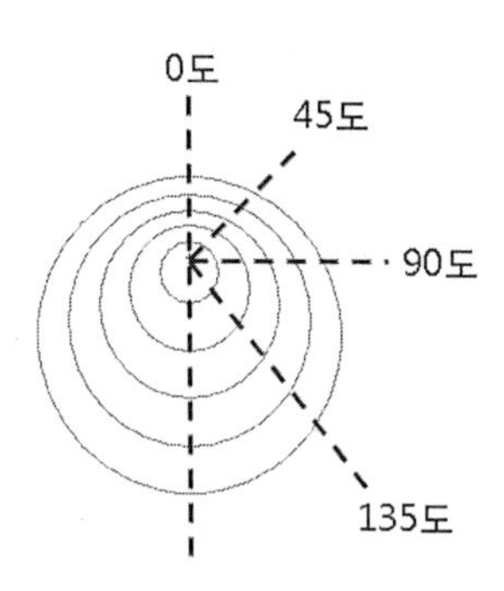

도플러 효과를 나타내는 위 그림을 보면 진행방향을 기준으로 각도가 커질수록 파장이 길어진다.

즉, 콤프턴 산란 실험에서 전자에 의해 산란된 X선이 각도에 따라 파장이 달라지는 것이 아니라, 호이겐스 원리에 따라 X선 파동이 진행할 때 발생하는 도플러 효과에 의해 각도에 따라 파장이 달라지는 것으로 해석 될 수 있다는 것이다.

콤프턴 산란 실험에서 전자에 의한 산란은 원래부터 존재하지 않을 수 있다는 것이며, 콤프턴 산란 실험에는 원자에 의해 회절된 X선과, 호이겐스 원리에 의해 도출되는 도플러 효과에 의해 적색편이赤色偏移된 X선만 존재한다는 것이다.

방출되는 전자와 산란되는 X선 사이의 각도와 에너지의 상관관계는 어떻게 설명할 것인가?

먼저 콤프턴 실험의 환경을 살펴보자.

광자[67]를 하나씩 제어하여 쏠 수 있는 기술은 없다. 다량의 광자를 쏟아 부어 다량의 전자가 방출되는 현상을 관찰할 수 있을 뿐이다. 이런 환경에서는 방출되는 전자가 다른 원자의 전자와 충돌하는 등의 여러 현상들이 혼재될 수밖에 없으며, 어떤 X선 광자가 어떤 전자와 충돌하여 에너지를 주고받았는지 특정할 수도 없다.

---

67) X선 광자.

광자를 하나씩 쏘아야 산란되는 광자와 방출되는 전자 사이의 에너지와 각도에 대한 상관관계를 규정할 수 있는 것이다.

따라서 산란되는 광자와 방출되는 전자의 각도에 대한 상관관계는 추정일 뿐이다.

원자 내부는 블랙홀과 유사한 구조로 되어 있다.[68]

블랙홀이 중심에 무거운 특이점을 가지고 있다면 원자는 중심에 무거운 원자핵을 가지고 있다.

블랙홀과 마찬가지로 원자 내부의 공간도 원자핵에서 가까운 정도에 따라 시간이 흐르는 속도가 달라진다. 원자핵에 상대적으로 가까운 공간은 시간이 상대적으로 느리게 흐르고, 원자핵에서 상대적으로 먼 공간은 시간이 상대적으로 빠르게 흐른다.[69]

원자핵을 신축성이 좋은 고무판 위에 놓인 볼링공이라고 보고 전자를 그 주위를 돌고 있는 구슬이라고 보자.

어느 순간 볼링공을 갑자기 제거해 보자. 볼링공에 가까운 구슬이 볼링공에서 먼 구슬보다 높이 튀어 오른다.

---

68) '제1장 10. 블랙홀 속의 우주' 참조.

69) 무겁기 때문에 시간이 느리게 흐르는 것이 아니라, 시간이 느리게 흐르기 때문이 무거운 것이다.

즉, 원자핵과 가까운 전자가 원자핵에서 먼 전자보다 에너지(질량)를 더 많이 가지고 있으므로 원자핵 밖으로 방출될 시 더 많은 에너지를 가진다.

풍선에 비유하면, 원자핵과 가까운 전자는 손가락으로 풍선표면을 깊게 누르고 있을 때의 강한 텐션(tension)을 가지고 있는 것이고, 원자핵에서 먼 전자는 풍선 표면을 살짝 누르고 있을 때의 약한 텐션(tension)을 가지고 있기 때문에 방출 시의 에너지가 다른 것이다. 화살을 쏠 때 줄을 세게 잡아당기느냐 약하게 잡아당기느냐에 따라 날아가는 화살의 에너지가 다른 것과 마찬가지다.

호이겐스 원리에 의해 도출되는 도플러 효과에 의하면, 빛을 포함한 전자기파는 입자가 아닌 파동이다.

9 힉스 입자(힉스 메커니즘)

2013년 노벨 물리학상은 힉스 입자 발견에 기여한 공로로 피터 힉스와 프랑수아 앙글레르에게 수여되었다.

2012년 7월, 유럽입자물리연구소(CERN)는 우주 만물에 질량을 부여하는 '힉스 입자'로 추정되는 물질을 발견했으며, 이후 후속실험을 통해 검증 작업을 거친 후 연말쯤 결과를 발표하겠다고 밝혔다.

그런데 발표 후 데이터 분석과정에서 예측과 다르게 힉스 입자 발견을 위해서는 필수적인 타우(tau) 입자가 발견되지 않았다.

이를 두고 표준모형에 없는 다른 입자의 존재 가능성으로 해석하는 사람도 많았으며, 일부 학자들은 이것이 현재의 표준모형으로는 설명이 불가능한 암흑물질이나 중력에 대한 새로운 실마리를 제공할 것으로 기대했다.[70)]

2012년 11월 14일, 일본 교토에서 열린 고에너지 콘퍼런스에서 CERN은 후속실험 데이터에서는 타우 입자가 충분히 발견되었다고 발표했다.

---

70) 표준모형을 지지하는 입자물리학자들에게는 이러한 상황이 그야말로 악몽이었을 것이다.

2008년 LHC[71]의 첫 가동이후 약 4년이라는 기간 동안의 실험 결과에서는 충분한 타우 입자가 발견되지 않았는데, 2012월 7월 이후부터 11월 이전까지 4개월도 안 되는 짧은 기간 내에 행해진 후속실험에서는 충분한 타우 입자가 발견되었다?[72]

그보다 더 놀라운 사실은 앞서 언급한 밀리컨의 사례에서와 마찬가지로, 논문 조작에 해당하는 데이터의 의도적인 누락이 있었다는 것이다.

2008년 이후부터 2012년 7월까지 장기간에 행해진 (가설과 맞지 않는) 실험의 결과는 버리고, 2012년 7월 이후 11월까지 단기간에 행해진 (가설과 맞는) 실험의 결과만 선택한 것이며, 이러한 데이터의 의도적인 누락이 노벨상 수상까지 이어졌다는 것이다.

LHC에서 입자 충돌은 진공眞空의 환경에서 이루어진다.

진공은 물질이 전혀 존재하지 않는 공간을 의미하지만, 실제로는 완전한 진공을 만들기가 불가능하다. 현재 인공적으로 도달할 수 있는 최고진공도는 10^{-12}mmHg 정도인데,

---

71) 대형 강입자 가속기.

72) 노벨상에 필요한 6시그마 수준의 신뢰도를 얻으려면 상당한 양의 샘플(실험 횟수 및 데이터)이 필요하다. 천안함 수색 마지막 날 극적으로 발견된 '1번 어뢰'와 같은 느낌을 지울 수 없다.

이때 1㎤당 약 35,000개의 기체분자가 남아 있다.

즉, 입자가속기 내에서 입자가 충돌하는 바로 그 공간에도 1㎤당 약 35,000개 이상의 기체분자가 존재한다는 것이다.

입자가속기를 이용한 모든 입자 충돌 실험은 이처럼 오염된(?) 환경에서 진행된다. 우리가 상상하는 것처럼 충돌되는 입자들만 존재하는 깨끗한 환경은 아니라는 것이다.

이런 오염된 환경에서 아원자 입자 하나를 제어하기는 불가능하다. 그래서 입자가속 실험을 할 때는 마치 산탄총처럼 양쪽에서 여러 개의 입자들을 한꺼번에 쏴서 운이 좋으면 그중의 하나가 충돌하는 식으로 진행된다.[73]

---

73) 실험 데이터에 대한 높은 수준의 신뢰도가 필요한 이유들이기도 하다.

10 이중 슬릿 실험

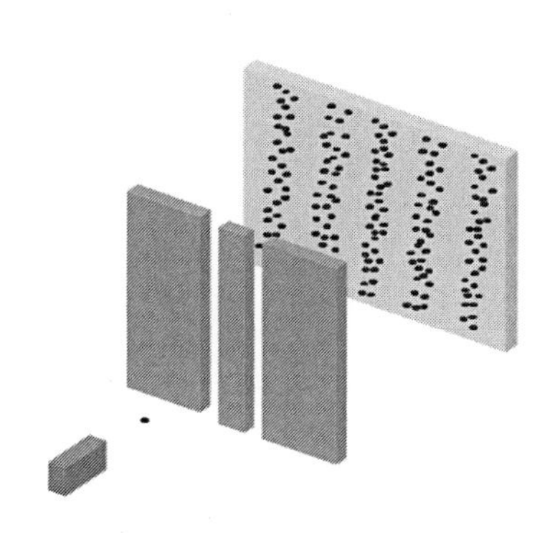

토마스 영의 이중 슬릿 실험 이래로, 물리학자들은 빛 또는 전자의 성질을 규명하기 위해 변형된 이중 슬릿 실험을 실시했다.

전자총으로 전자를 시간차를 두고 하나씩 쏜 후에 이중 슬릿을 통과하여 스크린에 나타난 전자의 패턴을 관찰하는 것이었는데, 전자의 개수가 늘어날수록 점점 간섭무늬 패턴이 나타났다.

즉, 입자를 쐈는데 파동의 성질이 나타났다는 것이다.

이 실험결과를 근거로 전자는 입자와 파동의 성질을 동시에 가지는 이중성을 가진다고 결론지었다.

일단, '쏜 것이 정말 입자인가?'를 확인해야 한다.

전자의 전하량은 $1.6 \times 10^{-19}C$ 이다.

전자는 전위차(전압)가 있어야 흐르므로, 전자를 한 번에 하나씩만 쏘려면, 먼저, $1.6 \times 10^{-19}C$ 의 전하량이 흐를 수 있는 만큼만의 아주 작은 전위차(전압)를 걸어줘야 한다.

그 다음에는 전자가 한 번에 하나씩만 나갈 수 있도록 정확한 시간에 차단해야 한다.

예를 들어, 전자를 물통에 담긴 물 분자에 비유하면, 물통의 하단부에 물 분자 하나가 통과할 만큼만의 작은 구멍을 뚫으면, 물 분자들이 한 줄로 가래떡처럼 줄지어 나올 것이다. 물 분자 하나만을 취하려면 물 분자 하나가 나온 다음 정확한 시간에 그 다음 물 분자가 나오지 못하도록 구멍을 막아야 한다. 이것이 '현재 인간의 기술력으로 가능한가?'의 문제다. 즉 '현재 인간은 '전자 한 알'을 제어할 수 있는가?'의 문제다.

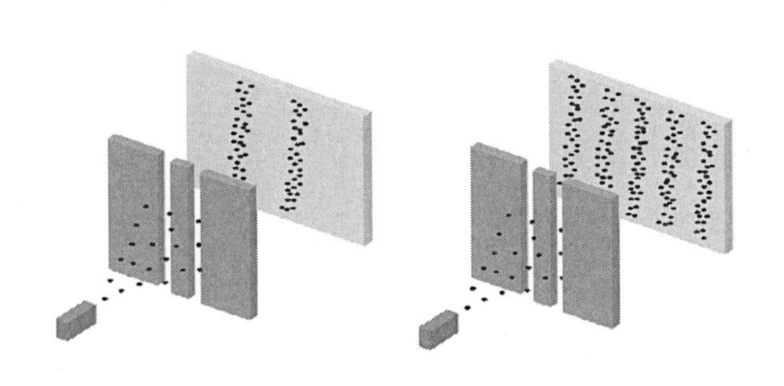

전자총에서 발사된 것이 입자라는 것을 확인하려면, 이중

슬릿을 통과하여 스크린에 나타난 전자의 패턴이 오른쪽 그림의 간섭무늬가 아닌 왼쪽 그림의 두 줄 무늬가 되어야 한다. 두 줄 무늬가 확인되지 않으면 전자총에서 쏜 것이 입자라는 증거는 없는 것이다.

그런데 지금까지 실시된 광자나 전자를 이용한 이중 슬릿 실험에서 간섭무늬 패턴이 아닌 두 줄 무늬 패턴이 나온 이중 슬릿 실험 결과는 없었다.

물리학자들은 이중 슬릿에 검측기를 두고 관찰하면 전자가 입자처럼 행동한다는, 즉 간섭무늬가 사라지고 두 줄 무늬가 나타난다는 관찰자효과를 주장하고 있지만, 실제로 관찰자효과(두 줄 무늬)가 나타난 실제 실험결과는 적어도 필자가 조사한 바로는 단 하나도 없었다.

전자총에서 쏜 것이 입자라는 것이 확인되지 않으면, 전자의 이중 슬릿 실험은 파동을 쏴서 파동의 결과(간섭무늬)를 얻은 지극히 평범한 실험일 뿐이다.

파동을 쐈다면, 스크린에는 왜 점이 하나만 찍혔을까?

미약한 전압을 걸어줬다면, 파동도 약할 것이고, 스크린의 픽셀에 도달하는 에너지도 미약할 것이다. 따라서 가장 큰 에너지[74]가 수신된 픽셀에서 파동이 감지되었다면 점이 하나만 찍힌 이유가 설명이 된다.

74) 수신/관측 가능한 최소 에너지.

11 차원(dimension)

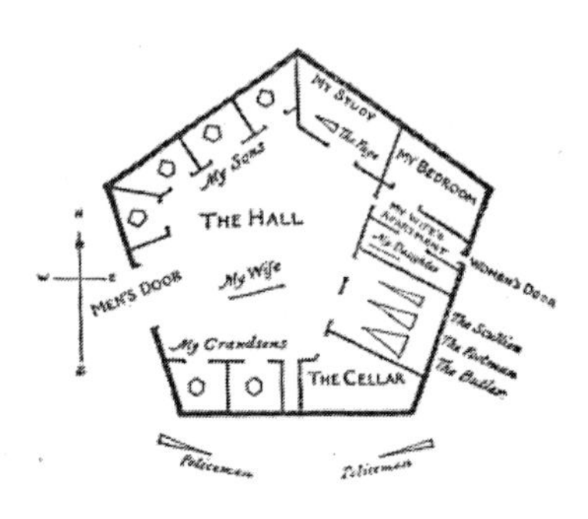

FLATLAND[75]라는 소설이 있다.

2차원 평면의 존재가 3차원 입체의 존재를 만난다는,

어쩌면 다들 한 번은 들어본 적이 있는 소설이다.

인간은 공간 3차원에 시간 1차원이라는 공간중심적인 차원 개념에 익숙해져 있다.

이러한 차원 개념은 시간 차원과 공간 차원을 맞바꿀 수 없기 때문에 시간과 공간의 대칭성이 없다.

그냥 점이 아닌, 특이점(singularity)이 있다.

---

75) 애드윈 애벗(Ediwin A. Abott 1838-1926)의 소설. 수학식을 사용하지 않고 글과 그림으로 차원을 설명했다.

부피가 0(zero)인 가상의 점이다.

특이점 두 개 이상을 붙여서 선을 만든다. 그래도 부피가 0이다. 아무리 많이 붙여도, 부피가 0이다.

즉, 3차원 입체를 제외한 점, 선, 면은 우리 우주에는 실재하지 않는 가상의 (차원)개념이라는 것이다.

3차원 이외의 모든 (공간)차원은 가상의 차원이다.

왜일까? 우주(시공간)가 팽창하기 때문이다. 시공간의 팽창이 입체 이외의 점, 선, 면을 허락하지 않는 것이다.

시공간이 팽창하는 우주에서는 제 아무리 작은 점을 찍어도 그건 3차원 입체[76]일 뿐이다.

팽창하는 풍선 위에 작은 점을 찍으면 그 점은 점점 커진다. 특이점이 아닌, 아주 작은 부피, 가령 플랑크 크기의 점을 찍어도 그 점은 팽창하며 플랑크 크기의 점 그 자체로 입체다.

시간이란 우주가 팽창하는 '현상' 그 자체이며, 공간이란 시간이 흐르는 속도 차이에 의해 발생하는 일종의 허상, 홀로그램에 불과하다.

우주는 시간과 공간이 대칭성을 가지는, 시간 1차원, 공간

---

76) 나중에 설명하겠지만 실제로는 2차원 입체다.

1차원으로 이루어진, 2차원 시공간의 단순한 구조로 되어있다고 보면 된다.

푸엥카레 추측에서도 알 수 있듯이 동그란 구를 망치로 때려 납작하게 펴면 면이 되는 것이고, 철사처럼 길게 늘이면 선이 되는 것이다.

시공간이 구부러지는(왜곡되는) 우주에서는 굳이 (공간) 3차원 이외의 1차원 2차원은 필요 없다.

우리가 3차원으로 알고 있는 것이 그냥 1차원이다. 그 하위의 (공간)차원은 필요 없다.

거리는 m나 km가 아닌 빛이 도달하는 시간으로 측정하면 된다.[77] 광속이 불변인 한, 모든 거리 표시는 시간으로 치환될 수 있다. 멀리 떨어진 물체가 원뿔 모양인지 원기둥 모양인지 크기가 얼마인지, 3차원 좌표 없이, 정확히 알 수 있다. 구형의 파동으로 전파되는 레이더를 쏘면 물체에 맞아서 반사되어 돌아오는 시간 정보로 물체가 원뿔 모양인지 원기둥 모양인지 크기는 얼마인지까지도 알 수 있다. 필요한 것은 시간뿐이다.

77) 실제로 요즘은 줄자가 아니라 레이저를 이용해서 거리를 재고 있다.

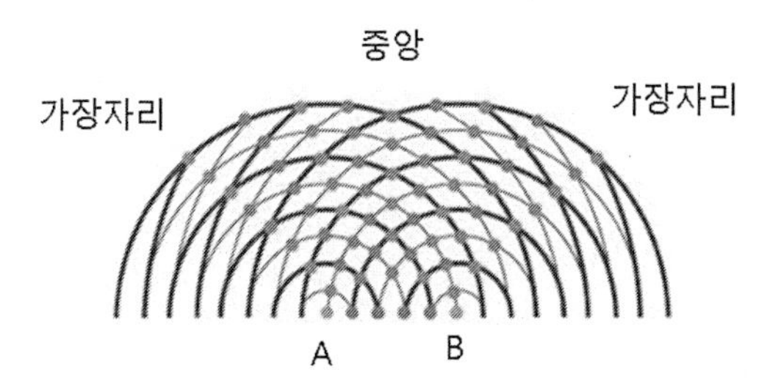

그림에서처럼 두 개의 파동이 겹쳐진 부분에 형성되는 광자(photon)는 두 파원의 시간정보를 담고 있다. 가장자리로 갈수록 광자가 가지고 있는 시간정보 상의 두 파원의 시간대는 달라진다.

파동은 파원 A와 파원 B에서 발원하는데 오른쪽의 가장자리로 갈수록 B에서 먼저 발생한 파동과 A에서 나중에 발생한 파동이 겹쳐서 생성된 광자가 부딪힌다. 즉, 오른쪽의 가장자리에 부딪히는 광자는 먼 과거의 B에 대한 정보와 가까운 과거의 A에 대한 정보를 담고 있는 것이다. 시간과 공간의 대칭성에 의해서 시간차는 거리차이므로 광자 하나는 그 자체로 두 파원의 공간상의 거리차에 대한 정보를 이미 포함하고 있다.

12 화이트홀

블랙홀이 빛도 빠져나올 수 없는 천체라면,

화이트홀은 빛도 들어갈 수 없는 천체다.

현재의 물리학에서는 화이트홀은 블랙홀과 마찬가지로 천체로 구분되지만, 발견된 적이 없고 그 존재 가능성 또한 낮다고 보고 있다.

블랙홀의 모든 정보가 블랙홀 사상의 지평선(2차원 표면)에 있다면, 3차원의 블랙홀은 필요 없는 것이다.

즉, 블랙홀 사상의 지평선 내부는 무시한 블랙홀 사상의 지평선(2차원)이 수학적으로는 블랙홀인 것이다.

태양이나 지구는 3차원 천체지만, 블랙홀은 수학적으로 2차원 천체인 것이다.

블랙홀이 2차원 천체라면 화이트홀도 2차원 천체다.

화이트홀은 블랙홀과 별도로 존재하는 것이 아니다.

블랙홀 사상의 지평선 안쪽에서 바깥 방향을 바라보면 그것 화이트홀이다.

블랙홀 사상의 지평선 안쪽에서 블랙홀 바깥쪽을 바라본다면, 보이는 우주 전체가 거대한 하나의 화이트홀인 것이다.

개념적으로는 '빛도 그 내부로는 접근할 수 없는 가장 작은 가상 입자(particle)'의 표면이 화이트홀의 사상의 지평선이라고 생각하면 된다. 팽창하는 시공간에서 빛이 도달할 수 있는 한계선 정도로 이해하면 된다.

우리에게 관측되는 우주는 이러한 '빛도 그 내부로는 접근할 수 없는 가장 작은 가상 입자'들로 이루어져 있다. 즉, 무수한 2차원 입자들이 모여 만들어진 것이 우리에게 관측되는 우주다.

모든 2차원 입자들의 표면을 이어 붙여서 평평하게 펴보면 하나의 거대한 2차원의 막(membrane), 일종의 - 홀로그램이 투사되는 - 스크린이 된다. 이 스크린이 화이트홀이다.

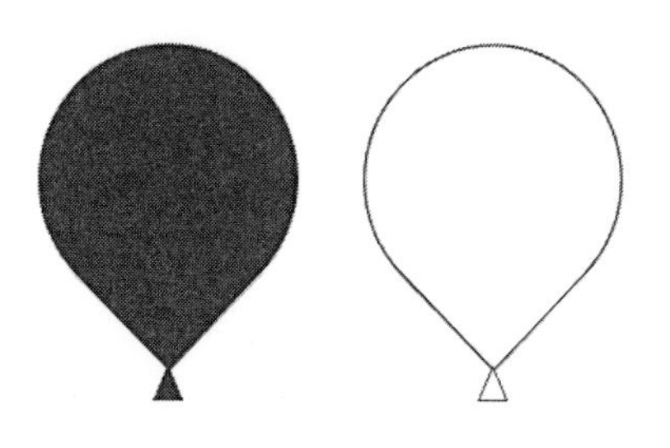

블랙홀의 사상의 지평선을 풍선이라고 볼 때,
겉은 검은색이고 속은 흰색인 풍선이라고 생각하면 된다.
검은 풍선(블랙홀)을 까뒤집으면 흰 풍선(화이트홀)이 된다.

당신이 밤하늘의 어떤 방향을 바라보건 그 방향의 끝 지점은 빅뱅이 일어난 지점이다.

당신에게 관측되는 우주는 가장 작아야 할 빅뱅 원점이 가장 크게 보이는, 까뒤집힌 우주다.

13 도플러 효과

주파수란 단위 시간 내에 몇 개의 주기나 파형이 반복되었는가를 나타내는 수다. 진동수라고도 한다.

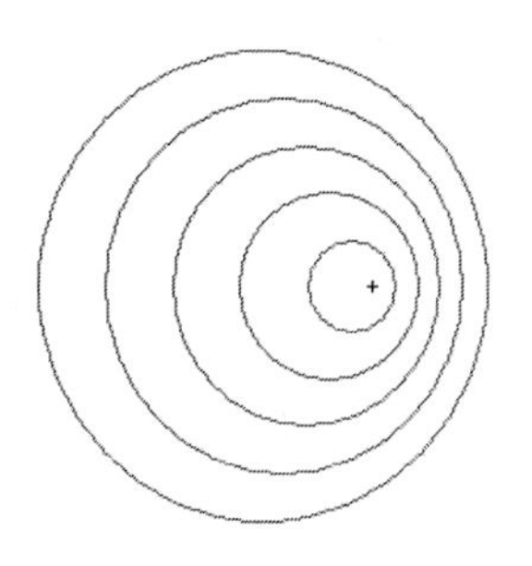

도플러 효과란 파동이 발생하고 있는 파원과 그 파동을 관찰하는 관찰자 중 하나 이상이 운동하고 있을 때 발생하는 효과이며, 파원과 관찰자 사이의 거리가 좁아질 때는 파동의 진동수가 더 높게, 거리가 멀어질 때는 파동의 진동수가 더 낮게 관측되는 현상이다.

원자시계는 특정 원자(세슘)의 진동수를 측정하여 특정 진동수가 되었을 때를 1초라고 계산하는 장치다.

원자의 고유진동수는 변하지 않기 때문에, 원자시계에서 진동수가 높아지면 시간이 빨라진 것이고, 진동수가 낮아지면 시간이 느려진 것이다.

원자시계를 지상으로부터 높이 들어 올렸을 때, 또는 GPS 위성에서 발생하는 시간이 흐르는 속도의 변화 현상 또한 도플러 효과다.

일반적인 도플러 효과에 사용되는 고유진동수도 변하지 않는다. 기차가 지나갈 때 기적소리의 고유진동수는 변하지 않는다. 그런데 기차가 다가올 때는 원래 기적소리보다 높은 음으로 기차가 멀어질 때는 원래 기적소리보다 낮은 음으로 들린다. 이러한 도플러 효과 또한 시간이 흐르는 속도가 변한 것으로 보아야 한다.

멀리 떨어진 은하가 후퇴할 때 발생하는 적색편이 현상 또한 시간이 느려지는 현상으로 해석해야 한다.

즉, 모든 도플러 효과는 상대론적 효과에 의한 시간 수축 및 시간 팽창 효과다.[78)]

---

78) 이러한 개념을 확장하면, 원래의 우주에는 단일 진동수의 파동만 존재하며, 도플러 효과에 의해 다양한 진동수를 가진 다양한 물질들처럼 보이는 것뿐이라는 해석도 가능하다.

14 물질파(드브로이파)

양자물리학에서, 비상대론적인 경우(non-relativistic case), 전자의 속도가 2배가 되면 물질파의 파장은 1/2이 된다고 한다.

상대론적 효과가 나타나기 위해서는 크기가 매우 큰 속도(광속에 가까운 속도)가 필요하지만, 일반적인 경우는 적용할 필요가 없고, 상대론적 효과를 고려할 필요가 없는 느린 운동들을 설명할 때 양자물리학에서는 비상대론적 경우라는 말을 사용한다. 전자의 속도를 광속에 가까이 가속시키지 않는 한, non-relativistic case가 적용되고, 광속에 가까운 속도일 때만 relativistic case를 적용한다는 것이다.

일반적인 속도(non-relativistic case)에서는 상대론적인 효과가 나타나지 않는다면 일반적인 속도에서는 물질파의 파장의 변화가 없어야 한다.

물질이 파동의 성질을 가지는 것으로 규정하고 만들어낸 개념이 물질파(드브로이파)[79]다.

---

79) 드브로이(de broglie)는 1924년 「양자론의 연구」라는 논문에 물질파에 관한 견해를 제시하였다.

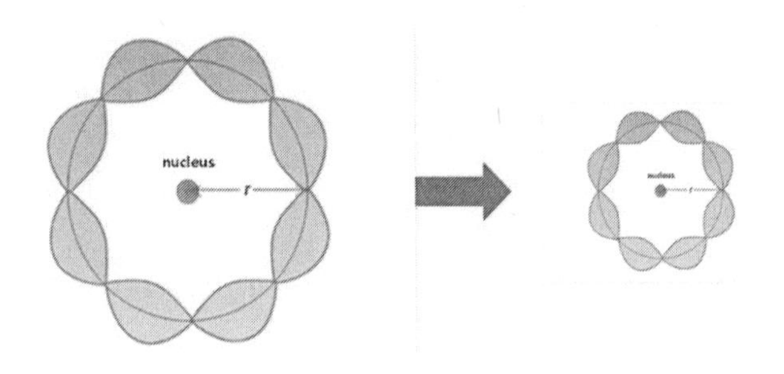

이렇게 규정된 물질파의 파장이 변한다는 것은 물질의 크기(부피)가 변한다는 의미[80]로 해석되어야 한다.

그림의 반지름(r)이 변한다는 것이다. 반지름이 작아지면 파장이 짧아지는 것이고, 반지름이 커지면 파장이 길어지는 것이다.

반지름을 그대로 유지한 채로 파장을 변화시키려면 파동을 더 넣거나 빼야 한다. 이것은 물질이 가진 고유 진동수를 유지하지 못하므로 모순이 된다.

따라서 속도에 따라 물질파의 파장이 변한다는 것은 상대성이론에 의한 '길이수축/길이팽창'으로 해석될 수 있다.

---

80) 관찰자와 (시간적, 공간적)거리가 가까워지거나 멀어진다는 의미.

제3장 마무리

1 과학은 장난감 블록 쌓기

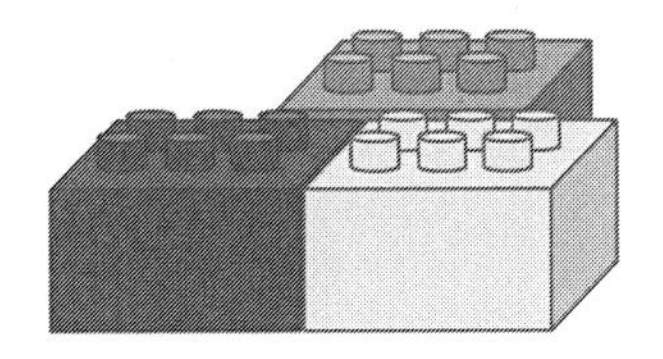

과학이론을 만드는 것은 장난감 블록 쌓기와 같다.

각각의 블록은 실시 및 검증된 실험 또는 관측결과를 의미한다.

실험이 동반된 무수한 과학논문이 산처럼 쌓여있다.

블록으로 자전거를 만들건 자동차를 만들건 자유다.

특정의 이론을 위해 별도의 특수한 실험(특수한 블록)이 필요한 경우도 있지만, 일반인들이 자신만의 과학이론을 만들기 위해서 별도의 블록을 제작해야 할 필요는 거의 없다.

오늘날 지구상에는 이미 수많은 종류의 블록들이 존재하기 때문이다. 그것들을 적절히 활용하여 조립하면 된다.

이 블록들은 이미 과학적으로 검증된 것이므로 그것들을 조립하여 만든 자신만의 과학이론을 별도로 증명할 필요는 없다.

블록 중에는 블록을 설계한 사람의 의도와는 관계없는 블록도 있다.

블록을 설계한 사람은 자전거를 만들려고 만든 블록이었지만 그것을 이용해서 자동차를 만들어도 관계없는 것이다.

과학이론은 하나 이상의 실험(들)의 해석解釋이다.

동일한 과학 실험으로 전혀 다른 과학이론(해석)이 만들어질 수 있다. 금을 만들기 위해 연금술사들이 행했던 수많은 실험들이 그들의 의도와는 관계없이 수많은 화학적 성과를 낳았듯이, 쓰레기 더미에서 쓸 만한 부품들을 골라 재활용하면 된다.

모든 현상은 관점에 따라서 다르게 해석될 수 있다.

2 Hello Timetry!

현재 인간이 사용하는 수학은 시간과 공간의 대칭성이 없는 공간 중심적인 수학이다.

시간과 공간의 대칭성이 성립하려면, 로렌츠 방정식에서,

$L = L_0\sqrt{1-(\frac{v}{c})^2}$ 일 때,

$T_l = T_{l0}\sqrt{1-(\frac{c}{v})^2}$ 를 만족해야 한다.

T_l : 빛이 l만큼 진행하는데 걸리는 시간

T_{l0} : 빛이 $l0$만큼 진행하는데 걸리는 시간

c : 광속

v : 속도

즉, 로렌츠 방정식에서 시간과 공간을 맞바꾸어도 등식이 성립해야 하지만, $\sqrt{1-(\frac{c}{v})^2}$ 이 언제나 음수(-)이므로 등식은 성립하지 않는다. (v는 c보다 언제나 작다)[81]

리만 기하학에서 간과하고 있는 부분이 바로 시공간의 팽

---

81) $\frac{v}{c}$가 아니라, $\frac{c}{v}$인 이유는, c와 v 모두 속도(=거리/시간)이므로, 시간과 공간(거리)을 맞바꾸면 각각 $\frac{1}{c}$, $\frac{1}{v}$이 된다.

창이다. 그도 그럴 것이, 리만 기하학은 에드윈 허블이 우주가 팽창한다는 사실을 발견하기 이전에 정적인 우주를 전제로 만들어진 것이기 때문이다.[82)]

팽창하는 풍선의 표면처럼, 리만 기하학의 시공간면(리만 공간)도 팽창하는 것으로 바뀌어야 한다.

흔히 푹 꺼진 시공간면에 태양을 놓고 지구가 그 왜곡된 시공간면을 타면서 돌고 있다고 주장하는데, 이제는 그러한 설명도 바뀌어야 한다.

즉, 태양과 지구 사이의 시공간면이 그냥 푹 꺼진 것만이 아니라, 그 푹 꺼진 시공간면이 팽창하고 있다는 사실을 추가해야 한다.

일반 상대성 이론의 리만 기하학적 설명이 에너지에 대해 계량 텐서(metric tensor)를 얻는 것이 골자이고, 이 계량 텐서(metric tensor)는 인접한 두 점 사이의 시공간 간격을 표시한 행렬이라고 한다면, 점 그 자체의 팽창뿐만 아니라, 인접한 두 점 사이의 시공간 간격이 지속적으로 팽창하는 것을 어떻게 표현할 것이며, 점 그 자체가 팽창함에도 불구하고 인접한 두 점이 시공간 상에서 일정한 간격을 유지하는 이유에 대한 설명이 추가 되어야 한다.

---

82) 시공간이 팽창하는 우주에서는 부적절한 수학.

이건 우주상수 같은 꼼수로 해결될 수 있는 문제가 아니다.

리만 기하학이 가지는 문제점을 극복하기 위해 기존의 리만 기하학을 업그레이드할 것인가?

리만 기하학을 업그레이드해서 문제점을 극복할 수만 있다면 그 방법을 취해도 되겠지만, 불가능하다고 본다.

무엇보다 필자가 수학엔 젬병이다.

어차피, 리만 기하학을 사용하고 있는 난다 긴다 하는 수많은 과학자들과 수학자들도 100년이 넘도록 난제들을 풀지 못하고 삽질하고 있기는 마찬가지다.

리만 기하학을 배워서 그들도 풀지 못한 난제를 풀어볼까?

바보짓이다. 차라리 새로운 수학을 만들자.

어차피 수학은 과학을 설명하는 언어(도구)에 불과하다.

멋 부릴 것이 아니라면 굳이 사람들이 이해하지도 못하는[83] 어려운 라틴어로 글을 쓸 필요는 없는 것이다.

라틴어로 쓰인 성서의 해석권 독점으로 인하여 부패했던 중세 크리스트교의 전철을 밟지는 말아야 한다.

새 술은 새 부대에 담자.

---

83) 어쩌면 자신조차 이해하지 못하는.

기하학(geometry)[84]은 공간의 수리적 성질을 연구하는 수학의 한 분야다. 일단 명칭 자체가 다분히 공간 중심적이다.

새로운 수학은 팽창하는 시공간의 수리적 성질을 연구하는 것이어야 한다. 토지(공간)를 뜻하는 geo- 대신 시간을 뜻하는 ti-를 넣어, timetry라 한다.

일단 공간 중심적인 차원 개념에 대한 근본적인 수정이 필요하다. 3차원 공간에 시간 차원을 더해 4차원 시공간이라는 기존의 공간 중심적인 시공간개념에서 탈피한다.

여기에는 몇 가지 전제 또는 추측(conjecture)이 필요하다.

- **시간 차원은 공간 차원의 기본 차원이며, 시공간은 '팽창하는 3차원[85] 구형球形의 거품[86]'을 기본단위로 한다.**

점, 선, 면은 존재하지 않는다.

시공간은 팽창하므로, 시간차원을 내재한 점은 그 자체로 팽창하는 3차원 구형의 거품(bubble)이며, 선과 면은 이러한 거품들이 모여 만들어진 입체이며 허상일 뿐이다.

팽창하는 시공간의 최소단위는 이러한 거품이며, 팽창하는 시공간은 불연속적일 수밖에 없다.

---

84) 기하는 geo-의 일본식 발음이다.

85) 실제로는 2차원.

86) 가상입자.

• 원, 삼각형, 사각형 등의 폐곡선[87]은 그릴 수 없다.

출발점에서 출발해서 원을 그린 후 다시 출발점으로 돌아와도 과거의 출발점으로 돌아올 수는 없다. 동일한 지점이지만 현재의 출발점이다. 시공간이 팽창하는 우주에서는 나선(helix)만 그릴 수 있을 뿐, 원은 그릴 수 없다.

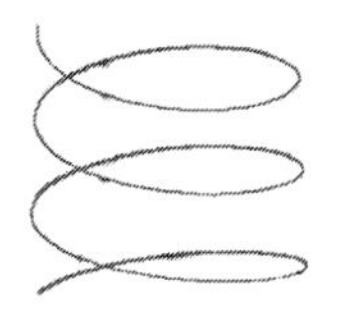

• 등호(=)는 없다.

1 = 1

좌변의 1은 과거의 1이고, 우변의 1은 현재의 1이다.

시간이 흐르는, 팽창하는 우주에서는 두 1은 절대 같을 수 없다.

1 = 1 이라는 공간 중심적인 등호 개념을 배제한다.

등호는 화살표로 대체한다. 화살표는 시간의 단방향성을 의미/상징하며, 시간은 유턴은 할 수 있어도 후진은 할 수 없다. 즉, 깨진 컵이 다시 붙는 식으로, 시간이 거꾸로 흐르는 일은 없다. 1 → 1 도 1 ← 1 도 될 수 있지만, 화살표의

87) closed curve

시작은 항상 과거다. (1 ↔ 1)

오직, 단 하나의 등호가 존재하는데, timetry에 적용되는 유일무이한 법칙인 에너지 보존의 법칙을 나타내는,

'시간 거리 = 공간 거리'(T = S)에 존재한다.

에너지 보존의 법칙이 적용되는, 시공간이 팽창하는 고립계 우주에서, 에너지와 질량은 동시에 중첩되어 존재할 수 없으며, 둘 중 하나의 상태로만 존재한다.

자유낙하 하는 물체의 (중력)질량은 없다. 운동에너지만 있을 뿐이다.

지금 현재 태양이 갑자기 사라졌다. 사라진 태양의 중력파가 지구에 도달하는, 앞으로 8분 20초 동안의 지구와 태양 사이의 중력을 계산하는 공식은 $F = \frac{GMm}{r^2}$ 일 수 없다.[88)]

---

88) G : 중력상수, M : 태양의 질량, m :지구의 질량, r : 지구와 태양 사이의 거리.

3 홀로그램 우주

현재 홀로그램 우주론은 레너드 서스킨드[89] 같은 일부 이론물리학자들에 의해 주장되고 있다.

동양철학이 '사람은 어떻게 살아야 하는가?'를 화두로 가지고 있다면,

서양철학은 '우주는 무엇으로 구성되어 있는가?'를 화두로 가지고 있다.[90]

서양철학은 복잡한 것 같지만 크게 플라톤과 아리스토텔레스로 나뉜다. 플라톤의 이데아론에서 종교가 탄생했으며, 아리스토텔레스의 4원소설四元素說에서 과학이 탄생했다.

홀로그램 우주론에서 주장하는 블랙홀 사상의 지평선(2차원)에 붙어 있는 정보가 블랙홀 내부로 투사되어 물질, 나아가 우주를 이룬다는 내용은, 플라톤의 이데아론에 등장하는 '동굴의 비유'[91]의 패러디(parody)다.

---

89) Leonard Susskind

90) 성경의 창세기는 우주가 어떻게 구성되어 있고 어떻게 탄생했는지를 설명하고 있다. 동양철학의 주역周易에도 이러한 경향이 나타나며, 주역의 상보성의 원리는 닐스 보어에 의해 양자물리학의 핵심원리로 사용되었다.

91) Allegory of the Cave

크리스트교가 지배했던 중세시대에는 아리스토텔레스의 책은 금서禁書였다. '장미의 이름'이라는 영화를 보면 어느 수도원에서 수도사들이 이유 없이 죽어나가는데, 그 원인은 아리스토텔레스의 책에 독을 발라 놓았기 때문이었다. 이 책을 몰래 읽은 수도사들이 독에 중독되어 죽었던 것이다.

중세시대가 끝나고, 과학이 철학에서 분리되어 나오면서, 봉인되어있던 아리스토텔레스가 풀려났다. 뉴턴(Newton)을 정점으로 과학의 르네상스가 시작되었다. 당시 어떤 과학자는 과학은 이제 더 이상 연구할 것이 없다고도 했다.

근대에 들어 우주에 대한 관심과 미시세계에 대한 관심이 커지면서 과학은 위기를 맞았다. 기존의 과학으로 풀 수 없는 문제들이 등장했던 것이다.

아인슈타인이 상대성이론을 내놓으면서 우주에 대한 문제는 어느 정도 풀렸지만, 미시세계에 대한 문제는 여전히 난제로 남았다.

'우주는 무엇으로 구성되어 있는가?'라는 서양철학의 화두는 오늘날 입자물리학의 화두와 일치한다. 아리스토텔레스는 4원소설을, 오늘날 입자물리학은 표준모형을 제시했을 뿐, 그 근본은 같다.[92]

하지만 입자물리학도 한계에 부딪혔다. 실험을 거듭할수

록 새로운 입자들이 수없이 튀어나왔으며 새로 발견된 입자들에 일일이 이름을 붙이기에도 벅찰 지경이었다.

힉스입자가 발견되었다고는 하지만 표준모형을 지지하지 않는 과학자들이 아직도 의문을 가지고 있고[93], 표준모형은 우주에 4%밖에 안 되는 물질을 대상으로 하는 이론일 뿐이며, 우주의 나머지 96%는 여전히 미지의 영역으로 남아있다.

이에 대한 해결책으로 아리스토텔레스적 접근방법 대신 플라톤적 접근방법을 채택한 것이 홀로그램 우주론이다.

앞서 말했듯이 플라톤은 종교의 아버지다. 따라서 홀로그램 우주론은 자칫 잘못 해석하면 비과학 분야로 빠질 위험이 있다. 그래서 플라톤에서 최대한 비과학적인 요소를 제거하고 과학적 요소만을 취해야 한다.

레너드 서스킨드 같은 기존의 과학자들이 주장하는 홀로그램 우주론은 여전히 공간을 사고思考의 중심에 두는 공간론에 머물고 있기 때문에 한계가 있다.

앞서 설명한 바와 같이, 아인슈타인의 상대성이론은 홀로

92) 아리스토텔레스에게는 입자가속기라는 도구가 없었을 뿐이다.
93) 더 이상 발견될 입자는 없다는 근거는 없다.

그램 우주론의 기반이 된다.

태양이 갑자기 사라졌는데도, 가짜 태양(허상의 태양)만으로 8분 20초 동안 지구와 완벽하게 물리법칙이 작용한다는 것은 아인슈타인 당사자가 원하건 원하지 않건 상대성이론이 홀로그램 우주론의 기반이 된다는 것을 의미한다.

과거의 인류가 지구가 우주의 중심이 아니라는 불편한 진실과 싸웠다면,

미래의 인류는 만지고 느끼고 감각하는 모든 것들이 실체實體가 아니라 허상虛像이라는 불편한 진실과 싸워야 할 것이다.

지금까지의 과학혁명이 공간론空間論[94] 내에서의 패러다임 변화였다면,

앞으로의 과학혁명은 공간론에서 시간론時間論[95]으로의 보다 근본적인 변화를 맞이할 것이다.

---

94) 공간을 사고의 중심에 두는 패러다임.

95) 시간을 사고의 중심에 두는 패러다임.

시간과 공간은 별개의 개념이 아니다.

시공간이라는 하나의 개념이다.

시간과 공간은 대칭성을 가진다.

시간은 공간이고, 공간은 시간이다.

시간과 공간을 맞바꾸어도 물리법칙은 변하지 않아야 한다.

인간은 눈에 보이고 감각되는 공간을 중심으로 생각하도록 진화되어온 생명체다.

천동설에서 지동설로의 패러다임 변환 과정에서 겪었던,

생각의 중심에 있던 지구를 빼내고, 그 자리에 태양을 집어넣는 일이 결코 쉬운 일은 아니었겠지만,

생각의 중심에 있는 공간을 빼내고, 그 자리에 시간을 집어넣는 일에 비하면 쉬운 일이다.

저자의 변辯

니콜라스 코페르니쿠스.

알버트 아인슈타인.

에드윈 허블.

위대한 과학적 발견의 주역들이라는 점 이외에, 이들의 공통점은, 과학으로 밥 먹고 살지 않았다는 것이다.

코페르니쿠스는 교회의 재정신부였고, 아인슈타인은 상대성이론을 발표할 당시 특허청 공무원이었으며, 에드윈 허블은 변호사였다.

아이러니하지만, 과학으로 밥 먹고 사는 과학자가 진정한 과학을 하기란 낙타가 바늘구멍 통과하기보다도 어렵다.

'양자역학을 이해한 사람은 아무도 없다' -리처드 파인만-

양자역학은 이 세상에 그것을 완전히 이해한 사람이 아무도 없는 학문이며, 그 누구도, 어떤 천재라 할지라도 죽을 때까지 공부해도 완전히 이해하지 못하는 학문이다.[96]

---

96) 정보의 양이 많아서 이해할 수 없는 것이 아니다.

유사 이래 지금까지 천동설을 이해한 사람은 아무도 없다.
답이 잘못된 것이 아니라, 질문(전제)이 잘못된 것이다.

흔히들 '과학을 믿는다'고 표현한다.
무엇을 '믿는다'는 표현은 종교[97]에 적합한 표현이다.
과학은 끊임없이 의심해야 하는 학문이다.

철학에서 분리된 형태를 취하긴 했지만, 오늘날 과학은 그 자체로 훌륭한 종교다.

무신론無神論도 신론神論이다. 신(God)은 '절대로' 존재하지 않는다는 절대적인 믿음은, 절대적인 가치를 믿는다는 점에서, 종교적 믿음이다.

일반적으로 '과학'이라고 줄여서 불리는 과학교科學敎는 지구상에서 신도를 가장 많이 거느린 최대 종교 중의 하나이며, 대부분 국가들의 국교國敎이기도 하다.[98]

역사적으로 보았을 때, 어떤 국가가 종교를 국교國敎로 삼았던 이유는 통치에 도움이 되었기 때문이다.

---

97) 신神 또는 절대적인 힘을 통하여 인간의 문제를 해결하고 삶의 목적을 찾는 문화 체계. 설명의 편의를 위해 절대적인 가치를 믿는 것을 종교라고 표현했다.
98) 과학교에 필적匹敵하는 종교는 '자본주의'라고 불리는 돈을 숭배하는 종교다.

'이승에서는 통치자인 내가 너희 백성들의 고혈을 짜내더라도 불만 갖지 말고 참고 살아라, 그러면 죽어서 천국에 갈 것이다.'라는 메시지를 효과적으로 전달할 믿음의 체계가 필요했던 것이다.

오늘날에도 대부분의 국가들이 통치에 도움이 되기 때문에 과학교科學敎를 국교國敎로 삼고 있다. 가령, 천안함 사건 같은 경우, 과학은 통치자의 의사를 관철하는 훌륭한 도구가 되었다. 그 외에도 정부가 추진하는 수많은 환경영향평가에도 과학이 사용되는 등 오늘날 과학은 통치에 필수적인 도구다.

과학자의 상징인 흰 가운은 과학교科學敎의 사제복司祭服이다.

오늘날 과학이 종교화된 이유는 대부분의 종교가 그러하듯, '증명의 부재不在' 때문이기도 하다. 과학은 실험적/관측적 증명을 필수로 하는데, 에드윈 허블에 의해 우주가 팽창하는 현상이 발견된 이후로는, 확실하게 눈에 띄는 과학적 증명은 없었다.

머나 먼 우주와 직접 관측이 불가능한 아원자 단위의 미시세계를 대상으로 하다 보니, 설령 관측이 이루어져도 장님 코끼리 만지기 식의 간접적인 관측들만 이루어질 수밖에 없었던 것이고, 점차, 증명되지 않은 또는 증명이 요원한 가상의 물질과 가상의 에너지로 가득 찬 학문이 되어 버렸다.

어떤 과학자가 가설을 세우면, 아직 증명이 되지 않는 채로, 그 가설을 기반으로 또 다른 가설이 등장하는 형태가 반복되었다. 이러다 보니 아직 증명되지 않은 최초의 가설이 무너지면 학문 전체가 도미노처럼 연쇄적으로 무너지게 되는 형국이 되었다.

최초의 가설은 기본 원리가 되었고, 기본 원리는 그 누구도 건드려서는 안 되는, 그것이 무너지면 공멸하는 교리教理[99]가 되었다.

관찰이나 실험으로 증명이 되지 않으니, 과학이 수학에 매몰되는 현상도 일어났다. 심지어 '이 이론은 수학식으로 증명되었다'는 표현까지 등장하게 되었다. 수학은 이론을 설명하는 언어에 불과하며, 코페르니쿠스의 『천구의 회전에 관하여』[100]에는 단 한 줄의 수학식도 없다.

증명되지 않은 가상의 물질이나 가상의 에너지와 같은 가

---

99) 이러한 교리에 대해서는 더 이상 '왜?'라는 질문이 허용되지 않는다.

100) De revolutionibus orbium coelestium

상의 항이 포함되어 있는 한, 그 수학식은 파리를 새로 만드는 허황된 수학식에 불과하다. 사람(캐릭터)이 하늘을 날아다니는 컴퓨터 게임도 수학식으로 만들어지는 것이다.

장기화된 증명의 부재는 과학자들의 조급증도 불러왔는데, 빛보다 빠른 물질의 발견이라든가, 반물질(antimatter)의 제조 같은 것이 그것이다.[101]

1995년 CERN은 반양성자와 반전자를 붙여서 반물질인 반수소를 만들었다고 발표했다.[102] 인간이 일시적이나마 물질을 창조한 신(God)이 되었다고 발표한 것이다.

반물질을 만들 수 있다면 물질을 만드는 것은 그야말로 식은 죽 먹기일 것이다.

과학자들에게 다루기 힘들고 불안정한 반양성자나 반전자를 이용해서 다루기 어렵고 오래 유지되지 못하는 반수소를 만들지 말고, 그보다 다루기 쉽고 안정적인 양성자와 전자를 이용해서 다루기 쉽고 오래 유지되는 수소를 만들어 달라고 요청해 보자. 전기 분해 같은 방법으로 기존의 물질

---

101) 잊을만하면 등장하는 암흑물질의 발견 소식은 이젠 애교 수준이다.
102) 아주 불안정해서, 몇 분 동안만 유지되었다고 한다.

에서 수소를 '추출'하라는 것이 아니다. 순수한 반양성자 하나와 순수한 반전자 하나만을 이용해서 반수소를 만들었던 것처럼, 순수한 양성자 하나와 순수한 전자 하나만을 이용해서 수소를 만들어 보라는 것이다. 백이면 백, 중성자만 만들어질 것이다. 수소도 만들지 못하는 인간이 반수소를 만들 수는 없다.

정말 반수소(반물질)가 만들어졌고 일정시간 유지되었다가 사라졌다면 필시 물질와의 충돌로 사라졌을 것이고 그에 상응하는 에너지가 발생되었어야 한다. 그러나 반수소를 만들고 유지했다는 주장은 있었어도, 물질과 반물질이 충돌했을 때 발생하는 에너지가 발생했다는 기록은 없다.

반물질은 1933년 노벨상 수상자인 폴 디랙[103]에 의해 예견되었는데, 그는 실험보다 수학적인 아름다움을 강조하였으며, "실험에 부합하는 이론보다 수학적인 아름다움에 부합하는 이론이 더 중요하다"는 유명한 말을 남겼다.[104]

이솝우화 '벌거숭이 임금님'에서 사기꾼들의 사기가 가능했던 것은, 누구도 옷감의 제조법에 대해 자세히 알지 못했기 때문이다. 당연한 말이지만 사기꾼들도 모른다.

---

103) Paul Adrien Maurice Dirac

104) 조선을 일본에 팔아먹은 사람이 이완용이라면, 과학을 수학에 팔아먹은 사람은 폴 디랙일 것이다.

오늘날 과학은 고도로 분업화 되어있다. 과학자들은 대부분 한정된 자기 분야에만 전문성을 가지고 있을 뿐, 자기 전공이 아닌 다른 과학 분야에는 일반인들의 수준과 크게 다르지 않다.[105]

우주라는 거대 담론을 다루면서, 각각의 특정한 분야에만 전문성을 가진 과학자들이, 입자가속기라는 거대한 재봉틀에 모여 앉아서, 자신도 모르는 사이에, 장님 코끼리 만지기식으로, 착한 사람의 눈에만 보이는 입자를 만들어내고 있는 것은 아닌지 과학자들 스스로 고민해 보아야 한다.

---

105) 장하석 교수의 『온도계의 철학』에 오늘날 과학계의 이러한 실태가 소개되어 있다.

지금까지 우주가 팽창하는 현상과 에너지 보존의
법칙이라는 두 개의 재료만을 가지고, 당신의 상상력으로
만들어본 실험적이고 문제적인 요리는 아직 완성되지 않았다.

숙성(ripening)이라는 마지막 단계가 남았다. 모든
숙성과정이 그러하듯, 이 단계에는 시간이 필요하다.

※ 질문/문의: http://blog.naver.com/kokospice